AF411247

GÉODÉSIE PRATIQUE

DES FORÊTS

A L'USAGE

DES AGENTS FORESTIERS, PROPRIÉTAIRES, RÉGISSEURS,
AGENTS VOYERS, ET AUTRES PERSONNES
S'OCCUPANT DE L'ESTIMATION ET DE L'AMÉNAGEMENT DES BOIS;

PAR V. HENNON,

GÉOMÈTRE FORESTIER A COSNE (NIÈVRE).

Prix 4.50

PARIS,

IMPRIMERIE ET LIBRAIRIE D'AGRICULTURE ET D'HORTICULTURE

DE Mᵐᵉ Vᵉ BOUCHARD-HUZARD,

5, RUE DE L'ÉPERON.

GÉODÉSIE PRATIQUE

DES FORÊTS.

GÉODÉSIE PRATIQUE

DES FORÊTS

A L'USAGE

DES AGENTS FORESTIERS, PROPRIÉTAIRES, RÉGISSEURS,
AGENTS VOYERS, ET AUTRES PERSONNES
S'OCCUPANT DE L'ESTIMATION ET DE L'AMÉNAGEMENT DES BOIS;

PAR V. HENNON,

GÉOMÈTRE FORESTIER A COSNE (NIÈVRE);

PARIS,
IMPRIMERIE ET LIBRAIRIE D'AGRICULTURE ET D'HORTICULTURE
DE Mme Ve BOUCHARD HUZARD,
5, RUE DE L'ÉPERON.

AVERTISSEMENT.

Si tous les agents forestiers appelés dans le service des travaux d'art, concurremment avec les arpenteurs forestiers actuels, et en remplacement de plusieurs d'entre eux, étaient des hommes spéciaux, joignant la pratique à la théorie, ce livre n'aurait pour eux qu'un intérêt secondaire, car il ne traite que des opérations purement géodésiques, c'est-à-dire :

1° Des instruments propres au levé des plans de forêts ;

2° De la triangulation ;

3° Du levé, du rapport et du calcul des plans pour assiette, réarpentage et aménagement ;

4° Du nivellement simple et composé ;

5° De la vérification des plans sur le terrain ;

6° Des cartes forestières ou d'ensemble ;

7° Du cantonnement des droits d'usages ;

8° **Puis**, par occasion, de divers modes de cubages, d'altimétrie et de dendrométrie, terminé par des tables de sinus naturels et des cordes.

Mais comme la plupart de ces agents n'ont encore et ne peuvent avoir d'autre aptitude à ces fonctions qu'un peu de théorie, ce livre, tout pratique et tout spécial, qui peut les mettre à même de se familiariser promptement avec les méthodes géodésiques les plus simples et les plus expéditives, leur offre par cela même et par son caractère d'actualité un intérêt d'autant plus grand, que l'administration, pour les porter à la pratique de ces connaissances, leur en fait une condition d'avancement.

Une longue expérience dans la géodésie cadastrale et forestière ayant fourni à l'auteur l'occasion d'éprouver beaucoup de méthodes préconisées et de reconnaître que, trop peu dégagées de formules scientifiques, de longueurs démonstratives et de corollaires superflus, elles pèchent encore par le fond en ce que l'excellence du plus grand nombre est plus vantée que prouvée, il a cru devoir n'offrir ici que celles qui, sanctionnées par le temps et le succès, sont aussi d'une application plus usuelle, et pour ainsi dire journalière, persuadé que le choix qu'il en a fait répond aux plus importants besoins du service des travaux d'art.

La plupart de ces méthodes lui appartiennent,

et sont présentées sous une forme dont la simplicité n'ôte rien au fond.

Du reste, il n'a donné la démonstration d'aucune pratique, supposant qu'il parle à des lecteurs qui ont assez de théorie pour l'entendre.

Cet ouvrage, extrait en partie de son *Traité de géométrie-pratique*, est donc aussi succinct que possible, et en même temps dégagé de tout ce qui ne se rattache pas essentiellement à la géodésie des forêts, proprement dite.

GÉODÉSIE DES FORÊTS.

Les instruments en usage sont :

1° Le graphomètre ;

2° Le cercle simple, répétiteur ou théodolite, consacré spécialement à la trigonométrie ;

3° L'équerre simple ;

4° La boussole ;

5° Le secteur à réflexion ;

6° La chaîne ou décamètre.

Parmi ces instruments je ne connais de fautifs que ceux qui sont mal confectionnés ; tous produisent des résultats également bons, quand ils sont employés avec adresse, et appropriés au temps et au terrain. Je dirai les avantages et les inconvénients de chacun d'eux.

Du Graphomètre.

1. Cet instrument est composé d'un demi-cercle A B C (fig. 1.) et d'une alidade D E, mobile autour du centre F. Elle est garnie de deux pinnules P P qui servent à pointer

les objets, et quelquefois de deux lunettes ayant des soies très-fines tendues au foyer du verre objectif. La lunette qui est placée au-dessus du plan de l'instrument (comme à la fig. 2.), s'y meut perpendiculairement dans un arc de 20 à 25° d'abaissement et d'élévation.

Lorsque la division du limbe de cet instrument est exacte, et qu'elle donne la minute au moyen d'un vernier; que son rayon est au moins de dix centimètres, et qu'enfin deux niveaux y sont adaptés, il est d'une grande justesse dans la mesure des angles; mais il a aussi des inconvénients qui méritent une attention d'autant plus sérieuse, qu'ils dépendent moins de sa perfection que de sa nature. Tous ceux qui ont levé des plans de quelque importance et sur divers terrains, conviendront que les procédés du graphomètre, tout exacts qu'ils sont, exigent trop de précautions, amènent trop de lenteurs dans les opérations de détail, pour que l'on doive en recommander l'usage et en attendre le même succès dans toutes les circonstances; car, quelque soin qu'on apporte à l'observation des angles, il est difficile de n'y pas commettre d'erreur, et la moindre erreur est de conséquence, puisqu'elle déplace tous les sommets et les rayons des angles qui suivent dans une proportion toujours croissante.

Néanmoins, comme il n'en est pas précisément de plus exact, on peut hardiment l'employer dans les terrains peu couverts et peu accidentés, c'est-à-dire dans les lieux où l'on peut établir de grandes lignes de construction dont on aperçoive les extrémités, des extrémités opposées.

Lorsqu'on s'en sert pour les détails d'un plan, il suffit qu'il soit divisé de cinq en cinq minutes, et que son alidade soit à pinnules, pourvu toutefois qu'il contienne au moins un niveau d'air. pour placer son plan dans une situation horizontale ; car, sans cette précaution , il arrive qu'on ne peut déterminer précisément les angles compris entre les projections horizontales des rayons qu'on observe, et dans ce cas, il ne faut pas s'attendre à trouver la somme des angles d'un polygone égale à autant de fois deux angles droits, ou 180° qu'il a de côtés, moins deux, ainsi que cela a lieu , à peu de chose près, lorsqu'on opère avec un instrument complet.

Les expériences que j'ai faites ne me permettent pas de douter de l'impossibilité de faire un travail exact sans ces précautions; et tout arpenteur qui dit, avec un graphomètre d'une petite dimension , dépourvu de niveau et ne donnant que les cinq minutes, être dans l'habitude de fermer à *quelques minutes* tout polygone de huit , dix ou vingt côtés, ment à lui-même et aux autres ; sans doute un œil exercé peut mettre le plan d'un instrument assez de niveau pour qu'il n'en résulte qu'une erreur légère dans la valeur des angles , mais comme ce n'est là qu'un à peu près, et qu'il n'en faut point admettre en géométrie , on doit repousser une méthode qui ne peut pas faire règle et qui tendrait à se contenter d'un instrument incomplet , tandis que les plus parfaits ne sont pas même exempts d'erreur.

On ne peut donc apporter trop de soins aux opérations de cet instrument, parce que, quelles que soient sa perfection et la bonté des méthodes qu'on emploie, il existe en lui-même tant de chances d'insuccès; que, pour peu qu'on y ajoute par quelque négligence, il faut s'attendre à de mauvais résultats.

Du Cercle répétiteur.

2. Ce cercle (fig. 2.) est un graphomètre double quant au limbe, c'est-à-dire qu'il est composé d'un cercle entier, divisé en 360°, chaque degré en demi et quelquefois en quart de degré. Il est garni de deux lunettes plongeantes : l'une inférieure, l'autre supérieure ; pour les doubles répétitions d'angles, le mouvement du limbe, indépendant de la lunette inférieure, entraîne avec lui la supérieure ; cette dernière forme ordinairement un angle de 25 à 30°, avec la direction du pied de l'alidade, pour donner la facilité de compter le vernier.

Cet instrument, ordinairement plus soigné que le graphomètre, est d'une grande précision dans la division de son limbe, sur lequel l'alidade ou plutôt les deux verniers qui y reposent doivent former continuellement et dans tous les mouvements possibles, des angles parfaitement égaux, opposés par le sommet : il sert à l'observation des angles dans une triangulation. Ses résultats sont d'autant meilleurs, qu'il est lui-même plus parfait, et l'observateur plus habile.

Est-ce à dire pour cela, ainsi qu'on l'a prétendu, que le cercle simple, ou même le graphomètre, qui n'en diffère que par la dépendance de sa lunette inférieure et de son limbe, n'en puisse faire les fonctions, employé d'une certaine manière ? Non, sans doute, et l'expérience est là qui parle plus haut que la théorie ; et comme j'ai fait un long usage de ces deux instruments, j'ose affirmer qu'en laissant de côté la lunette inférieure du cercle, on peut, avec la supérieure seule, et avec un peu d'adresse, répéter les angles assez exactement pour qu'une triangulation de la nature de celles qui peuvent être demandées aux géomètres des forêts, ne laisse rien à désirer.

Que les ingénieurs géographes du dépôt de la guerre, chargés d'une triangulation de premier ordre, soient tenus de se servir d'instruments qui donnent les secondes, je le conçois, parce qu'il s'agit de grands rayons trigonométriques et d'un réseau qui embrasse toute la France ; mais ici le réseau est toujours borné et isolé, et la précision du cercle ou d'un graphomètre à lunettes suffit à l'établir de manière à pouvoir répondre de la longueur des côtés à un millième près. Sur ce point j'en appelle aux praticiens.

De l'Équerre simple.

3. Il y a deux sortes d'équerres d'arpenteur. La plus estimée est celle qui a quatre pinnules placées aux extrémités de deux diamètres qui se coupent à angles droits ; mais elle est moins portative et moins en usage que l'autre, qui est un cylindre ou un octogone de cinq à six centimètres de hauteur sur quatre de diamètre environ (fig. 3). La distance des incisions verticales de cette dernière étant fort courte, donne moins rigoureusement que la première la perpendiculaire d'un point très-éloigné à une droite quelconque, et ces incisions étant fort étroites, il est difficile de reconnaître et de saisir les points visés, parce qu'elles dérobent les objets environnants qui aideraient à les distinguer ; mais, malgré ces inconvénients, c'est pour ainsi dire la seule qui soit généralement usitée.

Avant de se servir d'une équerre, il est bon de s'assurer de l'égalité des angles qu'elle forme. Pour y parvenir on fait planter deux jalons dans la direction exacte des deux diamètres de l'équerre pris du même point à une distance de cent mètres environ ; on tourne ensuite l'équerre sur sa douille jusqu'à ce que la fente dirigée sur le premier jalon le soit sur le second ; si l'équerre est exacte, l'autre fente sera précisément sur le premier jalon ; si elle n'y était pas, il faudrait rejeter l'équerre, ses résultats seraient faux. Il est de rigueur, dans l'usage, qu'elle soit placée très-verticalement sur son pied, et qu'en la tournant, ses fentes ne quittent pas cette verticalité.

Les fonctions de cet instrument sont beaucoup plus circonscrites que celles du graphomètre ; mais aussi l'emploi en est bien plus simple et plus facile, sans que ses résultats en soient moins bons. C'est le seul instrument, ainsi qu'on le verra plus tard, avec les données duquel on puisse calculer de suite sur le terrain, et par les mesures immédiates, la surface des polygones arpentés, sans le secours des logarithmes.

De la Boussole.

4. La boussole se compose d'une boîte carrée (fig. 4), qui porte à son côté une alidade mobile dans un plan vertical et formée d'un tuyau de bois garni de cuivre et de petites fenêtres à ses extrémités, ou d'une lunette superposée, par lesquelles on vise aux points à déterminer. A son fond est un pivot sur lequel est suspendue une aiguille aimantée en forme de losange très-alongé et tournant dans un limbe divisé en 360°, que ses extrémités affleurent pour donner la facilité de compter les degrés quand elle n'oscille plus.

Toute boussole dont l'aiguille ne coupe pas le limbe ou le cercle en deux parties parfaitement égales doit être rejetée. Pour être exacte, il faut. quand l'aiguille marque d'un bout 180°, qu'elle marque de l'autre 360°, ou 90° d'un bout et 270° de l'autre.

Cet instrument, quoique frappé de réprobation par des théoriciens, par quelques praticiens même, dont l'opinion n'est appuyée que sur des faits mal observés, mérite pourtant de la considération pour les services qu'il rend tous les jours aux géomètres qui savent l'employer.

Si des physiciens instruits ont dit quelques vérités sur l'instabilité magnétique de l'aiguille aimantée, d'autres aussi, qui n'étaient sans doute pas des physiciens, les ont répétées par écho en les exagérant ; de là l'idée trop généralement adoptée que la boussole n'était bonne tout au plus qu'à orienter les plans.

Pour moi, j'ai d'autres prétentions, et sans vouloir imposer mes idées, mais convaincu par trente ans d'expérience, je crois que la répudiation de la boussole dans le levé des plans, surtout en forêt, est l'effet du préjugé et de l'inexpérience.

L'instabilité de la déclinaison de l'aiguille aimantée avec le méridien est si peu importante, même dans le cours d'une année, que si l'on doit en tenir compte, c'est surtout pour l'orientement des plans ; car bien que ses variations soient lentes, comme elles sont continues dans le même sens, il faut y avoir égard après un certain nombre d'années.

L'aiguille qui décline aujourd'hui de 22° quelques minutes vers l'ouest, était, avant 1666, dirigée vers le nord-est ; c'est peu à peu qu'elle se rapprocha du nord vrai, qu'elle regardait directement en 1666. Depuis cette époque on l'a vue tourner vers l'ouest, et sans interruption jusqu'en 1816, au point où elle est encore à quelques minutes près ; cependant son mouvement est constant vers le nord, et quoique très-lent, tout porte à croire qu'elle finira par l'atteindre encore, pour se diriger ensuite vers l'est, comme avant 1666. Plus heureux que nous, nos descendants apprécieront peut-être les lois et les limites de ces singuliers mouvements, dont les causes jusqu'ici sont entièrement ignorées.

Quant aux obstacles que les levés de la boussole présentaient dans leurs rapports au cabinet, ils sont aplanis par le polygonomètre que j'ai inventé à cet effet, et dont il sera parlé en son lieu.

Du Secteur à réflexion.

4 *bis.* Cet instrument, dont l'usage n'exige ni pied, ni support, et qu'on peut appeler graphomètre ou dendromètre de poche, à cause de son mince volume, a le double avantage de faire lever les plans rapidement et presque à vue, du moins en ce qui concerne la mesure des angles ; puis de déterminer, employé d'une certaine manière, la hauteur des arbres avec une extrême promptitude, au moyen d'une base de dix mètres.

M. Allent, officier du génie, est, dit-on, le premier qui en ait donné l'idée par son équerre de réflexion ; mais je crois être le premier qui le présente sous cette forme (fig. 98), surtout pour sa propriété dendrométrique, qui m'appartient entièrement.

Il est composé d'une planchette carrée de 15 à 20 cent. au plus, en cuivre ou en bois, sur laquelle est gravé ou tracé un quart de cercle A B C, divisé en 180°, par le motif que nous dirons tout à l'heure. D V est une alidade mobile sur le centre D, où est un petit miroir placé sur champ, bien perpendiculairement au plan de l'instru-

ment et à l'axe de l'alidade D V , avec laquelle il se meut.
E est un autre miroir placé comme le précédent, mais
qui demeure toujours immobile ; son plan doit former un
parallélisme complet avec le plan du miroir D, quand
l'alidade est à zéro. Voici son usage :

Soit à trouver l'angle K D I :

Je prends l'instrument avec la main gauche par une
poignée quelconque, adaptée sous la tablette ; je dirige la
ligne D E de manière à voir le point K à travers la partie
non étamée du miroir E, et affleurant sa partie étamée ;
je prends l'alidade par son bouton H, et la faisant mou-
voir dans la rainure circulaire L, je l'amène de A vers B,
jusqu'à ce que le point I vienne se réfléchir en E et en
contact parfait avec le point K ; alors, comptant l'arc que
l'alidade a parcouru depuis A, j'ai l'angle cherché. A la
vérité, cet arc ne mesure que la moitié de l'angle, mais
comme, par la loi de la réflexion, un angle, dont les
rayons sont réfléchis en un point de contact par des miroirs plans, est double de celui formé par l'obliquité de
ces mêmes miroirs, l'arc A B C a dû être divisé en 180°,
au lieu de 90°, pour donner la valeur réelle des angles
observés ; l'angle K D I est donc de 81° 35' environ, car
le crin placé dans la petite fenêtre *g* de l'alidade ne permet que l'approximation des minutes, ce qui, du reste,
est suffisant dans une opération de détail.

La possibilité de mesurer les angles les plus obtus rend
cet instrument bien précieux ; mais à côté de cet avantage
est un inconvénient : si les rayons à observer, ou quelques-
unes de leurs parties visibles, ne sont pas sur le même
plan, c'est-à-dire, si, du point de station, elles s'incli-
nent sur des plans différents, l'observation de l'angle n'est
plus possible, puisque le secteur ne peut les réfléchir.

Toutefois, on peut y obvier par le procédé suivant (fig. 4 *bis*) : sur les pentes A D et A F, et dans l'alignement précis de vos deux lignes, faites planter deux jalons B et C, assez grands pour que leurs têtes soient au moins dans le plan B A C, ce que vous reconnaîtrez quand votre secteur les réfléchira, et vous aurez l'angle cherché. Ou bien (fig. 4 *ter*); soit A B C, l'angle à observer : si, comme c'est probable, l'un des prolongements B D ou B F est sur un plan qui permette d'observer C B D ou A B F, jalonnez ce prolongement sur une distance de 25 à 30^m, observez cet angle, son supplément à 180° sera l'angle cherché. (*Voir* le n° 36 , pour la pose des jalons.)

De la Chaîne ou Décamètre (fig. 5).

5. La forme de la chaîne varie selon les goûts et les habitudes , mais la plus commode est celle qui se termine aux extrémités par deux poignées assez larges pour y passer quatre doigts. Elle est ordinairement accompagnée de dix fiches ou piquets en fer de 40 cent. de hauteur, terminés à la tête par une boucle assez grande pour y passer aisément un doigt.

Il faut être deux pour employer la chaîne : celui qui est derrière doit avoir soin de l'appuyer contre son genou qui, touchant la fiche à relever, forme un point d'appui assez immuable pour résister à la trop grande tension de la chaîne ; il ne doit pas relever la fiche avant que celle de devant soit plantée.

Dans les terrains inclinés il faut avoir soin de niveler en tenant la chaîne dans un plan horizontal, et en laissant tomber verticalement la fiche à terre ; et cela, parce que tous les terrains doivent être ramenés à leur projection horizontale, pour qu'il soit possible d'en construire exactement le plan sur le papier, et encore parce qu'il est admis que leur étendue productive n'a pas d'autres bases.

Lorsque l'inclinaison du sol est telle que l'on ne peut arriver à l'horizontale avec la chaîne entière, il faut mesurer avec cinq mètres seulement.

On obtient plus d'exactitude à mesurer en descendant qu'en montant, par la raison que, dans le premier cas, celui qui est devant est plus sûr de laisser tomber sa fiche verticalement, que, dans le deuxième cas, celui qui est derrière n'est sûr d'élever la sienne dans cette direction, parce qu'il n'a rien, comme celui qui descend, qui l'avertisse du moment où il est temps de faire tomber la fiche.

Un bon chaînage n'est pas aussi facile qu'on pourrait le croire; il exige de l'expérience et des soins soutenus.

Il est bon d'étalonner souvent la chaîne, et de la tenir d'un centimètre plus longue que le décamètre, attendu qu'il est rare qu'on puisse la tendre complètement sur le terrain.

Je ne connais d'autre inconvénient à la chaîne que l'attitude inclinée qu'il faut prendre à tout instant pour planter et ramasser les piquets.

Un vérificateur des plans du cadastre a inventé, dit-on, un décamètre qui, par le moyen d'un mécanisme commode et facile, adapté à ses extrémités, réduit toute erreur possible à 1/5000 ! Je n'ai pas vu ce décamètre, mais s'il existe, il faut se le procurer à tout prix, ne fut-ce que pour la mesure des bases, écueil de nos décamètres ordinaires.

Il est encore quelques autres instruments propres au levé des plans, tels que la planchette, le déclinatoire, l'équerre de réflexion, l'équerre graduée, etc. ; mais comme ils ne sont d'un bon usage qu'en plaine, et qu'ils échouent presque toujours dans les bois, je me dispense d'en donner la description.

Des Niveaux.

6. Le niveau est un instrument qui sert à trouver une ligne horizontale, et à la continuer autant qu'on le juge à propos, afin de déterminer par ce moyen le vrai niveau pour la conduite des eaux, pour rendre les rivières navigables, construire un canal, une route, sécher des marais, des fondrières, etc.

Il existe plusieurs sortes de niveaux; mais parmi le grand nombre, les savants ont fait un choix. C'est en me conformant à ce choix que je me borne à décrire le niveau d'eau et le niveau à bulle d'air.

Du Niveau d'eau (fig. 6).

7. Ce niveau est fort simple : il est composé d'un tuyau rond ou tube en cuivre ou en ferblanc, recourbé sur sa longueur en A et en B, et à angles droits; dans ces deux parties recourbées sont adaptés deux tubes de verre C D. Ayant versé de l'eau ordinaire, ou mieux, colorée, par l'un des bouts, jusqu'à ce qu'elle monte dans l'autre, le niveau est construit. Il ne reste qu'à le monter sur un pied, comme on le voit dans la figure.

Le principe de sa construction est fondé sur la propriété qu'ont tous les fluides de se mettre dans un plan horizontal. Ainsi, quand deux points répondent à la surface de l'eau dans les tubes du niveau, ces deux points sont dans le même plan horizontal.

Niveau d'air ou à Bulle d'air (fig. 7).

8. Ce niveau, qui ne cède rien au premier par sa simplicité et son exactitude, est beaucoup moins embarrassant. La sensibilité de ses mouvements est d'un avantage bien précieux dans les opérations délicates, et sa monture permet d'apprécier la mire bien plus exactement qu'avec le niveau d'eau, aussi est-il préféré à tous les autres.

Il est composé d'un tube de verre A B rempli à quelques gouttes près d'esprit de vin et scellé hermétiquement aux deux extrémités. La bulle d'air R, tendant à occuper la partie la plus élevée dans le tube, doit s'arrêter toujours à une place déterminée. Si, en le mettant sur un plan quelconque, la bulle monte, ce plan penche du côté opposé à son ascension.

Le tuyau de cuivre qui contient le tube est attaché à une règle C F mobile, relativement à la règle inférieure montée sur une douille avec vis de pression et de rappel pour placer la bulle à son point voulu graduellement et presque insensiblement. Aux extrémités de la première règle sont deux montants sur lesquels s'adaptent deux lunettes contiguës, parallèles et opposées par l'objectif et l'oculaire. Deux vis de rappel, 4, 5, servent à ramener les lunettes dans la vérification du niveau.

Cette vérification se fait en mettant d'abord la bulle à son point; ensuite, remarquant un objet quelconque dans les deux lunettes, ou mieux faisant placer deux mires aux points indiqués par les réticules, je tourne alors le niveau bout pour bout, et si les mêmes points des deux mires sont sur les réticules, le niveau est exact; mais si cela n'est pas, il faut, au moyen des vis 4, 5, rappeler les lunettes jusqu'à ce que cette concordance existe.

Au lieu de lunettes on peut se servir de pinnules fendues horizontalement; mais dans un nivellement de quelque importance et où l'on désire beaucoup d'exactitude dans l'appréciation des pentes, les lunettes seules peuvent la donner.

Les ingénieurs et les agents-voyers se servent d'un niveau de pente, appelé aussi clitomètre, fort bien monté et fort commode : il donne l'angle d'inclinaison du terrain et permet de calculer par l'hypothénuse du triangle rectangle obtenu, d'abord le sinus droit de cet angle qui n'est autre chose que la différence de niveau des deux points, et ensuite le sinus de son complément qui n'est que la longueur de l'hypothénuse réduite à sa projection horizontale. Des tables de sinus naturels abrégent considérablement ces calculs. J'en donne une à la fin de cet ouvrage pour tous les degrés du quart de cercle de six en six minutes.

LEVÉ DES PLANS.

Triangulation.

9. L'arpentage d'une ou de plusieurs masses de bois doit toujours être précédé d'une triangulation qui les embrasse et les enchaîne autant que possible dans un seul réseau ; elle est la base de toutes les opérations de détail qui doivent s'y rattacher. C'est une opération délicate sur laquelle est fondée l'exactitude du travail subséquent. On ne peut donc trop se pénétrer de son importance en ce qui concerne la partie graphique.

Je vais indiquer les moyens les plus prompts de procéder

à son exécution : je la composerai d'une succession de triangles appuyés les uns sur les autres et formant deux réseaux qu'un bois inaccessible sépare et isole.

Je commence d'abord par parcourir le terrain dans ses positions les plus élevées, et si je juge que ces points sont trop rapprochés ou trop éloignés les uns des autres, je cherche le moyen d'en établir ou d'en supprimer d'intermédiaires, car il ne faut pas trop les multiplier ; des côtés de 800 à 1000^m suffisent même pour des bois sinueux et accidentés, surtout quand plusieurs des points choisis sont situés dans les bois à arpenter ou avoisinent leur périmètre : disposition heureuse qu'il faut tâcher d'obtenir le plus souvent possible.

J'évite avec soin les triangles trop obliquangles, parce que leurs côtés ne peuvent jamais être déterminés avec autant d'exactitude que ceux d'un triangle approchant de l'équilatéral.

Lorsque l'emplacement des signaux est bien déterminé, j'y fais creuser un trou et planter une perche droite, longue de quatre à cinq mètres, garnie d'un bouchon de paille ou d'un linge blanc que l'air puisse agiter.

Cela fait, je m'établis au premier venu de ces points avec mon instrument qui est un cercle. Quand son centre répond à plomb sur le trou du signal A (fig. 8), et que son plan est bien horizontal, je place l'alidade à zéro, c'est-à-dire à 360° d'un bout et à 180° de l'autre. Je desserre la vis de pression qui est sous la lunette inférieure, je tourne le limbe jusqu'à ce que le réticule vertical de la lunette supérieure coupe le pied du signal B, et je fixe l'instrument dans cette position.

Prenant alors l'alidade près du vernier, je la fais glisser doucement sur le limbe et sans secousse, jusqu'à ce que le crin de la lunette couvre le pied du signal S, et je l'y mets plus sûrement par la vis de rappel de l'alidade. Comptant sur le vernier l'arc que cette alidade a parcouru, je le trouve de 97° 35'.

Expliquons la manière de compter le vernier :

Si le limbe est divisé en demi-degré, et son vernier de minute en minute, ce vernier contiendra vingt-neuf demi-degrés divisés en trente parties égales, et alors la ligne de cette division qui se trouvera le plus en coïncidence avec une des lignes quelconques du limbe, indiquera le nombre de minutes qu'il faut ajouter au nombre de degrés indiqués par la ligne zéro de ce vernier, et ce sera l'angle cherché.

Ainsi la ligne zéro (fig. 19) se trouvant à 97° 30' plus une fraction, et la cinquième ligne du vernier étant celle qui se trouve le plus en rapport avec une des divisions du limbe, c'est 5' qu'il faut ajouter à 97° 30' : l'angle est donc de 97° 35'.

Je l'inscris sur un croquis (fig. 9) et ramenant encore tout l'instrument sans déranger la lunette, mais jusqu'à ce qu'elle se trouve sur le rayon A B, je fixe de nouveau l'instrument, et j'amène une seconde fois la lunette sur le signal S ; lisant sur le limbe 195° 9', j'ai, à une minute près, le double de mon angle qui, par cette opération, se trouve répété. Si je veux le répéter une seconde fois, j'y procède comme pour la première, et trouvant 292° 44', le tiers de cette somme, c'est-à-dire 97° 34' 40'', est l'angle cherché. Outre cette répétition, j'ai encore celle de l'autre bout de l'alidade, d'où je puis faire la même déduction comme moyen de vérification.

Il faut une loupe pour apprécier plus exactement les divisions du vernier en rapport avec celles du limbe.

Passant successivement aux autres angles, je les obtiens

par les mêmes procédés; et si j'ai fait un tour d'horizon, je vois si la somme des angles est de 360°. S'il ne s'en faut que de deux ou trois minutes, je tiens mon opération pour bonne; s'il s'en manque davantage, je ne dois pas hésiter à recommencer jusqu'à ce que j'obtienne ce résultat.

Comme on peut le voir à la fig. 9, j'établis un canevas ou croquis visuel, sur lequel je trace à mesure les rayons observés et la valeur des angles conjugués; cela donne la possibilité de voir d'un coup-d'œil la figure approchée des triangles et de compter plus aisément la somme de leurs angles. Il faut autant que possible observer les trois angles de chaque triangle, et ne pas abandonner les lieux avant d'avoir obtenu leur fermeture à une ou deux minutes près, c'est-à-dire à 180° — ou $+$ 2'.

On a pu remarquer que la lunette inférieure de l'instrument n'a fait ici aucune fonction; et cela parce que je la crois sans utilité dans un cercle. Déjà plusieurs géomètres l'ont senti comme moi et la suppriment dans leurs opérations : d'où il est à désirer que les fabricants n'en surchargent plus ces instruments; il en résulterait deux avantages pour les géomètres : diminution de prix et de poids; mais la routine, si puissante en toute chose, sera long-temps encore plus forte que ce vœu.

Réduction d'un angle au centre de la station.

10. Dans une triangulation de quelque étendue, on est souvent obligé de prendre des clochers, des tours, ou même des arbres pour signaux; et comme on ne peut établir l'instrument au centre de ces points pour y stationner, on se contente souvent de conclure les angles dont ils sont

les sommets; mais cette conclusion est sujette à erreur en ce que rien n'avertit de l'inexactitude qui pourrait exister dans les deux angles observés.

Dans ce cas assez fréquent, comme dans celui où un triangle a tous ses sommets inaccessibles, il faut réduire l'angle au centre, c'est-à-dire faire une station à la moindre distance du point inaccessible, d'où l'on puisse conclure par le calcul l'angle qu'on aurait obtenu au centre même de ce point. Il existe plusieurs manières de faire cette opération. J'indiquerai d'abord celle que j'emploie toujours avec le plus de succès et de célérité. Cette méthode, exempte de calcul, m'est particulière.

11. *Soit à déterminer l'angle* **A B C** *dont le sommet est inaccessible* (fig. 10) :

Je me place le plus près possible du point B et sur le rayon A B dont je cherche l'alignement en D avec toute la rigueur possible d'une équerre à plomb; remarquant vers F un point quelconque, soit un clocher, une tour, un arbre ou tout autre objet facile à saisir avec le crin de la lunette, je prends l'angle A D F. Je fais planter en E, à l'intersection précise des rayons D F et B C, un jalon ou un piquet auquel je me transporte ensuite pour observer l'angle C E F; soustrayant cet angle du premier, le reste est la valeur de l'angle A D G et par conséquent de l'angle cherché A B C qui lui est égal comme correspondant.

Comme il n'est pas toujours possible d'employer ce procédé, à cause des ondulations du terrain ou des obstacles qui rendent impossible l'alignement des deux rayons de l'angle à observer, on a recours à d'autres moyens, et l'art n'en manque pas. Ainsi :

12. *Soit à trouver l'angle A B C* (fig. 11), *dont le sommet est inaccessible, mais auprès duquel on peut stationner sur un des rayons, comme en D :*

On observe l'angle A D C, et par son supplément B D C et la connaissance du côté B C et du côté D B mesuré par une opération trigonométrique, au moyen d'une base D F et des angles adjacents, on a deux côtés et un angle opposé qui servent à déterminer l'angle cherché D B C ou A B C, par le procédé du n° 23.

Quand on ne peut s'établir sur aucun des rayons de l'angle, on se place à un point quelconque d'où l'on aperçoive pourtant les deux autres sommets A et C (fig. 12).

Alors on mesure les angles A D C et A D B formant ensemble l'angle B D C du triangle B C D ; en cherchant l'angle C B D compris entre les côtés connus D B et B C, puis trouvant l'angle A B D compris entre B A et B D connus, cet angle, moins l'angle C B D, est l'angle cherché A B C.

Ces deux derniers procédés n'offrent pas l'exactitude du premier et nécessitent des calculs dont l'autre est exempt, mais je n'en connais pas de plus expéditif dans le cas dont il s'agit.

Dans la détermination exacte du petit côté D B, il arrive assez souvent qu'en raison du peu de distance où l'on est du centre de la station, on ne peut apercevoir ce centre, et on éprouve alors une double difficulté, celle de ne pouvoir le viser et d'y pénétrer pour en mesurer la distance ; mais l'art aplanit ces difficultés.

13. *Soit à déterminer une ligne de projection au centre invisible de la tour O* (fig. 13).

Du point A je mesure l'angle B A C dont les rayons sont tangentes à la circonférence de la tour ; j'ouvre sur le rayon A B un angle B A O égal à la moitié du précédent et j'ai un rayon de projection A O passant par le centre même de cette tour.

Que si je veux avoir la demi-épaisseur de ladite tour, j'élève sur la ligne A B une perpendiculaire A D et sur celle-ci une autre D E faisant tangente ; la moitié de A D est la demi-épaisseur ou le rayon de sa circonférence ; ajoutant cette moitié A F = G O à la distance A G, mesurée comme précédemment, j'ai la longueur de A O.

Telles sont les principales opérations que nécessitent les réductions de l'angle au centre et dont il faut bien se pénétrer quand on veut opérer avec certitude et précision.

Mesure de la base.

14. Il serait à peu près indifférent de prendre tel ou tel côté pour base, si le terrain permettait de les mesurer avec la même exactitude ; mais comme il n'en est point ainsi, il faut choisir le côté de la triangulation le plus exempt d'embarras et d'accidents de terrain, parce que de son exactitude dépend celle de tous les autres côtés. Il est bon de la mesurer au moins trois fois et de la fixer au terme moyen des trois longueurs trouvées.

Lorsque le territoire où l'on opère est couvert, montueux et coupé par des ravins, des ruisseaux ou des rivières, il est difficile et presque impossible de mesurer exactement

une base avec la chaîne sans une perte de temps considérable; dans ce cas, on y supplée en déterminant cette base
par un des côtés connus de la triangulation des ingénieurs-
géographes, pourvu que ce côté ne forme pas des angles
trop obliques avec les extrémités de la base à établir.

15. *Ainsi, soit à déterminer le côté L M* (fig. 14) *qu'on ne
peut mesurer, mais des extrémités duquel on aperçoit le
clocher R et la pyramide S formant un côté connu et donné
pour rigoureusement exact :*

Après avoir du point L observé les deux angles R L S,
S L M, et du point M les deux angles L M R, R M S, je
donne à mon côté L M une longueur fictive et je calcule
les triangles L M R et L M S. Ensuite, par les deux côtés
R M et S M ainsi déterminés, et l'angle compris R M S,
j'obtiens les angles R S M et M R S. Trouvant de même par
les deux côtés L S et R L, et l'angle compris R L S, les
angles R S L et L R S, j'ai tous les angles adjacents à la
base R S.

Je n'ai pas besoin de démontrer que la longueur fictive donnée au côté L M n'a point changé la valeur des
angles, puisque dans les triangles semblables les angles
sont égaux de chacun à chacun et les côtés homologues,
proportionnels, et que dès-lors j'ai les angles réels.

En conséquence, calculant les triangles R S M, R S L sur
la véritable base R S, j'arrive à la connaissance exacte du
côté L M, et la base de ma triangulation est connue
sans avoir été mesurée.

Lier deux réseaux séparés par un bois.

16. Je suppose qu'il est possible de contourner le bois
d'un côté, sans obstacle ; car s'il s'étendait trop ou était

contigu à d'autres bois qui ne permissent pas de le tourner,
le rattachement des deux réseaux deviendrait si long et
si compliqué qu'il y perdrait de son exactitude et dès-lors
de son utilité; ou bien il faudrait échafauder sur les arbres les plus élevés de la forêt, comme j'ai fait en 1823
dans la forêt d'Orléans, ce qui n'est pas toujours possible,
exact, ni permis ; ou il faudrait se résoudre à employer des
moyens purement graphiques en tirant de grandes lignes à
travers bois, ce qui n'est pas toujours permis non plus, et
offre d'ailleurs peu de précision.

17. *Ainsi, soit le réseau n° 1 à lier au réseau n° 2.* (fig. 8):

Formant deux triangles C D E, C E F, que j'observe et
que je détermine par le côté connu C D, si du point F
j'aperçois trois points connus du second réseau, comme
G H I appartenant au même triangle, je puis me dispenser
de me transporter en G et en H pour obtenir les angles
G H F et H G F, attendu que la connaissance des angles
H F I et G F I, que je puis obtenir du point F, me suffit
pour déterminer le triangle F G H. En effet (fig. 15) :
J'ai l'angle L K E égal à l'angle L I O, et l'angle E K I
égal à l'angle O L I comme mesuré par le même arc O I
et O L, je puis donc calculer le triangle L O I par le côté
L I. Puis soustrayant O I L de L I E, j'ai O I E compris
entre les deux côtés connus O I, I E, d'où je trouve E O I
égal par son supplément K O I, à K L I mesuré par un
arc commun K I. Trouvant L I K de la même manière,
tout m'est connu dans le triangle K L I.
D'où, par les deux côtés H F et F C et l'angle compris
C F H (fig. 8), j'obtiens H C, puis par conclusion à 360°,
l'angle H C K et ainsi des autres.

On sent que cette liaison , subordonnée à l'exactitude du triangle H F C, peut bien n'être pas des plus rigoureuses; mais lorsque les localités ne permettent pas de l'étendre davantage, il faut s'en contenter et s'attacher dès-lors à déterminer l'angle F avec le plus d'exactitude possible.

Résolution et calcul des triangles.

18. Nous admettons que la base A M (fig. 9) est de 784^m 5^d.

Il est bon de faire soi-même quelques-unes des opérations qui vont suivre, comme si l'on voulait les vérifier, et de se poser aussi d'autres exemples; c'est le moyen de se familiariser de suite avec les tables des logarythmes dont le secours est indispensable dans la solution des problèmes trigonométriques. J'emploierai les tables de Lalande ou de Reynaud, calculées de minute en minute pour tous les degrés du quart de cercle, et pour dix mille nombres entiers. Bien que ces tables ne soient qu'à cinq décimales, elles suffisent à l'exactitude d'une triangulation de l'ordre de celles que les ingénieurs des forêts auront à faire. Les tables de Callet, calculées de dix en dix secondes, ne sont employées que pour la triangulation de la carte de France.

J'opèrerai par les compléments arithmétiques, afin de n'avoir jamais que le rayon à soustraire dans le calcul des proportions, ce qui abrége beaucoup ces opérations.

Exemple :

19. *Soit à trouver le 4me terme de cette proportion, sans l'emploi du complément arithmétique :*

$$67 : 83 : : 49 : X$$

Log. de 83 = 1,91908
Log. de 49 = 1,69020
____

Somme. . 3,60928
A soustraire le log. de 67 = 1,82607
____

Log. du 4me terme = 1,78321 = 60,7.
____

Par le complément :

Complément du log. de 67 = 8,17393 (1)
Log. de 83 = 1,91908
Log. de 49 = 1,69020
____

Somme et Log. du 4me terme 11,78321 = 60,7.
____

On voit, par ces deux méthodes, que la dernière est plus prompte, en ce qu'elle épargne la soustraction du log. du 1er terme, attendu qu'on ajoute à ce log. ce qui lui manque pour arriver au rayon, et que la soustraction

____

(1) Voici la manière de trouver ce complément : le logarithme de 67 étant de 1,82607
J'ajoute à chaque chiffre, en commençant par la caractéristique, ce qui lui manque pour valoir 9, et au dernier, pour valoir 10, j'ai donc 8,17393
____

Qui, réunis avec le logarithme, donnent le rayon. . 10,00000
____

Avec un peu d'habitude, ce complément se peint dans l'esprit sans le moindre effort, rien qu'à la vue du logarithme.

de ce rayon s'opère en négligeant le dernier chiffre à gauche.

20. *Les formules des problèmes de la trigonométrie se réduisent à trois :*

1° Dans un triangle quelconque, les sinus des angles sont proportionnels aux côtés opposés : ce qui donne le moyen de résoudre un triangle, quand, parmi les trois données nécessaires, il entre un angle et un côté opposé;

2° La somme des deux côtés d'un triangle est à leur différence comme la co-tangente de la moitié de l'angle compris est à la tangente de la demi-différence des deux autres angles;

3° Pour trouver les angles d'un triangle dont on connaît les trois côtés : de la demi-somme des trois côtés, soustrayez successivement les côtés de l'angle cherché; aux log. de ces deux restes joignez les compléments arithmétiques de ces mêmes côtés, moitié de la somme totale exprimera le log. du sinus de la moitié de l'angle cherché.

21. *Ainsi, dans le triangle A M E (fig. 9.) où l'on a cette proportion :*

Log. sinus E : A M : : Log. sin. $\begin{cases} A : M E \\ M : A E \end{cases}$ on la résout de cette manière :

$$
\begin{aligned}
\text{Complément sin. E} &= 0,06900 \\
\text{Log. A M} &= 2,89459 \\
\text{Log. sin. A} &= 9,98021 \\
\hline
\text{Log. M E} &= 12,94380 = 878,6 \\
\text{Log. sin. M} &= 9,87524 \\
\hline
\text{Log. A E} &= 12,83883 = 690
\end{aligned}
$$

Cherchant dans les tables à quels nombres appartiennent les log. M E et A E, on a 878,6 pour l'un, et 690 pour l'autre.

Cette solution est celle du problème où l'on connaît deux angles et le côté compris.

Il faut remarquer que pour avoir les nombres des logarithmes ci-dessus plus exactement, j'ai augmenté d'une unité la caractéristique de chacun; ce qui augmente aussi d'une unité fractionnaire le nombre cherché. En effet, avec la caractéristique 2, il aurait été entre 878 et 879, et il m'eût fallu calculer, par la différence de ces deux log., le nombre exact de mon logarithme; tandis qu'avec la caractéristique 3, j'ai trouvé, à l'unité près, le nombre entier 8786; séparant alors par une virgule autant de décimales que j'ai ajouté d'unités à la caractéristique, c'est-à-dire une, j'ai 878,6 pour mon nombre cherché.

Il faut remarquer encore que pour n'avoir pas à reporter à part les log. des deux premiers termes de la proportion dans le calcul relatif au 3ᵉ côté, je dispose mes chiffres de cette manière : après avoir posé les deux premiers termes, je laisse en blanc la place du 3ᵐᵉ, et je tire quatre barres horizontales; dans la colonne du milieu je porte le log. sin. M, que j'additionne avec les deux premiers, pour avoir le log. du côté opposé A E; passant au log. sin. A, je le pose immédiatement à sa place, et j'ai, par l'addition, le log. M E.

22. *Triangle H I O, dont on connaît deux côtés et l'angle compris H O I :*

On a ; H O $+$ O I : H O $-$ O I : : co-t. 1/2 O : tang. de $\frac{I-H}{2}$, ou bien 875 : 94 : : co-t. 48° 48' : tang. de $\frac{I-H}{2}$, d'où l'on établit comme précédemment :

$$\text{Compl. log. } 875 = 7,05799$$
$$\text{Log. } 91 = 1,95904$$
$$\text{Co-t. } 48° 48' = 9,94222$$
$$\text{Tang. de } \frac{\text{I—H}}{2} = 18,95925 = 5° 14'$$

Ajoutant 5° 14' à la demi-somme des angles inconnus, c'est-à-dire à 41° 12', j'ai pour la valeur du plus grand angle I, 46° 26', et soustrayant 5° 14' de cette même demi-somme, j'ai pour l'angle H 35° 58', qui, réunis à l'angle I et à l'angle O, font 180°.

Soumettant alors ce triangle à la méthode du n° 21, j'obtiens son autre côté H I.

23. *Triangle C E F, dont on connaît les deux côtés C E et E F, et l'angle F opposé à l'un d'eux.*

On a : C E : sin. F : : E F : sin. C, d'où l'on forme :

$$\text{Compl. log. de } 567,8 = 7,24580$$
$$\text{Log. sin. de F, } 54° 1' = 9,90805$$
$$\text{Log. } 409,3 = 2,61204$$
$$\text{Log. sin. de C} = 1,9,76589 = 35° 41'$$

Par ces deux angles communs C et F, je conclus l'angle E que je trouve de 90° 17'.

Ici se présente un moyen de vérification qu'il ne faut pas négliger.

L'angle C E F doit former le supplément à 360° du tour d'horizon E dont tous les angles n'ont pu être que conclus, attendu l'impossibilité d'observer au clocher. D'après le calcul précédent, cet angle est de 90° 17', et il devrait être de 90° 16'; c'est donc une minute en plus, différence inappréciable, et qui prouve l'exactitude de la triangulation; car s'il y avait eu quelque erreur, soit au calcul, soit aux angles qui ont servi à déterminer les côtés de cette série de triangles appuyés sur A M, leur base fondamentale, il est certain que cette erreur eût empêché la fermeture du tour d'horizon E, et dans ce cas il eût fallu vérifier tous les calculs, ou recommencer l'observation des angles.

Un autre moyen infaillible de vérification est celui-ci :

Si, après avoir calculé A M E par la base A M, A E C par A E, A B C par A C, A B S par A B, et A S M par A S, le côté de la base primitive A M est reproduit sans différence notable, c'est-à-dire à trois ou quatre décimètres près, vous pouvez considérer tous ces triangles comme rigoureusement déterminés. Il est donc bon, d'après cela, de calculer de suite tous les triangles communs à un tour d'horizon, et de s'assurer ainsi de leur exactitude, avant de passer outre. A défaut de tours d'horizon, et c'est ce qu'il faut prévoir en observant les angles sur le terrain, on obtient de nouveaux moyens de vérification par le croisement des rayons trigonométriques, ainsi qu'il est expliqué plus loin au n° 100.

Il arrive quelquefois que, pour ne pas retourner sur le terrain, on change ses angles pour fermer et cadrer sa triangulation; mais il faut être d'une grande sévérité à cet égard, et ne consentir à ces sortes de *mutilations*, qu'autant qu'il n'en peut résulter que de très-légères différences.

Dans toute triangulation qui ne peut être composée de triangles formant une chaîne autour de la base, et qui manque par conséquent de moyens de vérification, il est utile ou de croiser les rayons comme il est dit ci-dessus, ou de mesurer une seconde base, éloignée le plus possible de la première.

24. *Triangle A B C* (fig. 16) *dont on veut connaître les angles par les trois côtés connus :*

Soit d'abord à trouver l'angle B :

La demi-somme des trois côtés étant
de. 985
et A B de . . . 846 dont le comp. arith. = 7,07263

on a pour 1ᵉʳ reste 139 dont le log . . . = 2,14301

B C étant de. . 510 dont le comp. arith. = 7,29243

on a pour 2ᵐᵉ reste 475 dont le log. . . = 2,67669

Et pour somme totale . . . . = 1,9,18476
Dont la moitié. . . . . . . = 9,59238

correspond à 23° 2', et qui, doublés, font pour l'angle proposé B, 46° 4'.

Les angles A et C peuvent s'obtenir par le même procédé, ou indifféremment par ceux des numéros précédents.

25. *Calcul des sommets à la méridienne et à la perpendiculaire.*

Quand une triangulation est calculée, et que le canevas en est formé (comme à la fig. 17). Il reste, pour la compléter, à déterminer la distance de ses sommets à la méridienne et à la perpendiculaire de Paris.

Voici comme je procède à cette opération :

On sait que la méridienne est une ligne nord-sud, qu'on suppose passer par l'observatoire de Paris, et que la perpendiculaire est celle qui la coupe à angles droits au même point, et qui va de l'est à l'ouest (fig. 18).

On entend par distance à la méridienne, le nombre de mètres compris dans une droite qui va d'un point quelconque perpendiculairement sur cette méridienne. Il en est de même de la perpendiculaire; de sorte qu'une distance à la méridienne se mesure par une ligne parallèle à la perpendiculaire, et qu'une distance à celle-ci se mesure par une ligne parallèle à la méridienne; ainsi, la ligne A B (fig. 18) est la distance du point A à la méridienne N S, et la ligne A C est la distance du même point à la perpendiculaire O E.

Comme il est peu de territoires où il n'existe au moins un point dont la distance à la méridienne et à la perpendiculaire de Paris ne soit déterminée soit par Cassini, soit par les ingénieurs-géographes du dépôt de la guerre, je supposerai que la distance du point E de ma triangulation (fig. 9) est connue, et qu'elle est de 50,432 mètres à la méridienne, et de 30,120 mètres à la perpendiculaire, région *sud-est*.

Cela posé, je calcule d'abord toutes les distances des sommets de ma triangulation à la méridienne et à la perpendiculaire passant par le point E ou par un point quelconque de la carte de France, et qu'on appelle par cette raison la méridienne et la perpendiculaire du lieu (fig. 17); mais pour y parvenir, il faut connaître l'orientement de la triangulation, c'est-à-dire l'angle que fait un de ses côtés avec la ligne nord ou sud.

Voici comme on procède à la recherche de cet angle :

muni d'une boussole, si je suis à l'extrémité M de la base,
je fixe l'aiguille à 180° ou 360°. Je fais planter en O, et à
une distance de deux ou trois cents mètres, un jalon sur
la ligne de mon alidade ; cette ligne est celle du nord
magnétique. Observant alors l'angle A M N' avec un graphomètre, ou l'angle N' M E, peu importe, je trouve que la
base décline vers l'ouest de 1° 55', ajoutant cette déclinaison à la différence du nord vrai au nord magnétique,
c'est-à-dire à 22° 5', j'ai 24° pour la déclinaison réelle de
ma base avec la méridienne. Cette donnée me suffit pour
calculer mes distances.

Ainsi, voulant savoir à combien le point M est de la méridienne et de la perpendiculaire ; j'ai d'abord l'angle
N' M E (fig. 17) de 48° 37' — 24° 00' = 24° 37', et l'angle
de son complément N' E M de 65° 23', ce qui me donne
un triangle rectangle en N'. et dont je connais l'hypothénuse
M E ; d'où j'établis cette proportion :

$$\text{Sin. } N' : E M :: \sin. \begin{cases} M : N' E \\ E : N' M \end{cases} \text{ ou bien :}$$

$$\text{Rayon} : \log. 876,6 :: \sin. \begin{cases} 24° 37' : \log. N' E. \\ 65° 23' : \log. N' M. \end{cases} \text{ que je cal-}$$
cule ainsi :

$$\text{Rayon :}$$

Log.   878,6 =   2,94379
Sin. 24° 37' =   9,61966
────────────────────────
Log. N' E   = 1.2,56345 = 366

Sin. 65° 23' =   9,95862
────────────────────────
Log. N' M. = 1,2,90241 = 798,8
────────────────────────

d'où il suit que le nombre 366^m 0^d est la distance du point
M à la méridienne, et que le nombre 798^m 8^d est celle du
même point à la perpendiculaire

Si je veux avoir le point A, je pose cette proportion :

Rayon : 784^m 5^d :: sin. $\left\{ \begin{matrix} 24° »' : A\,1\,. \\ 66° »' : M\,1\,. \end{matrix} \right\}$ que je résous comme la précédente :

Rayon :

Log. 784^m 5^d = 2,89459
Sin. 24° = 9,60931

Log. A 1 = 2,50390 = 319,1

Sin. 66° = 9,96073

Log. M 1 = 2,85532 = 716,7

Ajoutant alors A 1 à N' E, et soustrayant M 1 de M N' côté du triangle rectangle précédent, j'ai 685^m 1 pour la distance de A à la méridienne, et 82^m pour la distance à la perpendiculaire.

Pour déterminer le sommet N, je soustrais 24° de l'angle N A M, ce qui me donne l'angle N A 2 avec l'hypothénuse A N, d'où je trouve les distances N 2 et A 2 que j'ajoute aux précédentes.

Quant au sommet B ; je soustrais de l'angle B N A l'angle N A 2, pour avoir l'angle B N 3, qui me donne par l'hypothénuse B N, d'abord le côté B 3, qui, ajouté à la distance de N à la méridienne, donne la distance de B à cette dernière, puis le côté N 3, d'où, défalquant la distance de N à la perpendiculaire, j'ai celle de B à cette dernière.

Il en est de même pour tout le reste, défalquant, ajoutant les longueurs obtenues, selon que les sommets s'approchent ou s'éloignent de la méridienne et de la perpendiculaire, ou qu'ils sont situés dans une région différente (fig. 18) ; c'est surtout lorsqu'il s'agit de placer les points de la triangulation sur la feuille du rapport qu'il est bon de faire cette distinction, et d'avoir sous les yeux le canevas de sa triangulation.

Pour les calculs qui précèdent, il est indifférent de déduire l'angle sur la méridienne ou sur la perpendiculaire, puisque les deux angles aigus d'un triangle rectangle sont compléments l'un de l'autre :

Ainsi, soit le sommet I à déterminer (fig. 17).

L'angle M E L — l'angle N' M E me donne.   15° 28'
A quoi j'ajoute l'angle L E I, de. . . .   73° 6'
____
J'ai pour total. . . . .   88° 34'

Il me manque donc 1° 26' pour arriver à la perpendiculaire, et 1° 26' sont donc la valeur de l'angle I E 4 opposé à la méridienne et à la parallèle I 4, et ces 88° 34' sont donc la valeur de son complément E I 4.

Indiquons maintenant la manière de rattacher les sommets ainsi déterminés à la méridienne de Paris.

Pour cela il suffit d'ajouter à la distance connue du point E toutes celles calculées sur la méridienne du lieu, et qui se trouvent dans les régions *nord-est* et *sud-est*, et de distraire de cette même distance connue toutes celles situées dans les régions *nord-ouest* et *sud-ouest*. De même, pour les rattacher à la perpendiculaire de Paris, il suffit de joindre à la distance connue du même point E toutes les distances calculées sur la perpendiculaire du lieu, et placées dans les régions *sud-ouest* et *sud-est*, et d'ôter aussi de cette même distance toutes celles situées dans les régions *nord-est* et *nord-ouest*. Ainsi la distance I 5, jointe à celle de 50,432ᵐ, donne 51.091ᵐ 9ᵈ, pour la distance du point I à la méridienne de Paris, et la distance N' E.

ôtée de 50,432^m, donne 50,066^m, pour la distance du sommet M à la méridienne. Il en est de même pour la perpendiculaire.

On sent que le choix de ce moyen est déterminé par la situation de la triangulation relativement à Paris, et qu'avant de l'employer, il faut savoir dans quelle région on opère.

Lorsque tous ces calculs sont entièrement terminés, j'en consigne le résultat dans un tableau ou registre trigonométrique, disposé comme il suit :

SOMMETS des triangles.	VALEUR des angles.	CÔTÉS OPPOSÉS aux angles.	LONGUEUR des côtés.	DISTANCE DES SOMMETS à la		OBSERVATIONS.
				méridienne de Paris.	perpend^{aire} de Paris.	
A	72° 50'	M E	878^m6	49746^m, 9^d	30202, 1	
M	48 37	E A	690 »	50066, »	30918, 8	
E	58 33	A M	784 5	50432, »	30120, »	
M	55 15	L B	725 »	50066 »	30918, 8	
L	84 40	E M	578 6	50625, 3	30818, 8	
E	40 05	M L	568 2	50432, »	30120, »	

J'ai donc toutes les bases nécessaires pour assurer l'exactitude du plan que je me propose de lever.

USAGE DU GRAPHOMÈTRE.

26. *Soit à lever le polygone X* (fig. 20).

Je suppose que ce polygone est un bois dont les contours sont accessibles, c'est-à-dire dégagés de haies et de fossés, car autrement il faudrait employer la boussole pour en suivre plus aisément les sinuosités, attendu que l'inconvénient de multiplier les lignes de construction avec cet instrument n'est pas aussi grave qu'avec le graphomètre.

Avant d'opérer, j'établis avec des jalons droits (n° 36) ma première ligne de construction le plus près possible du périmètre du bois à arpenter, et je la forme de manière à distinguer son extrémité opposée, afin d'observer l'angle plus exactement.

Soit la ligne A B :

Je place mon instrument au sommet de l'angle A, et quand je l'ai mis de niveau, je pointe sur A T, j'amène l'alidade mobile sur A B, et je lis l'angle ouvert sur le vernier (n° 9); si l'instrument ne donne que les cinq minutes, j'estime à l'œil la fraction que le vernier n'apprécie pas; ensuite j'inscris mon angle sur un croquis visuel et figuratif, et au bout d'une flèche qui coupe le sommet de l'angle.

Mesurant ensuite avec une chaîne la ligne A B d'après les procédés du n° 5, je m'arrête en p, vis-à-vis un angle rentrant du périmètre, et par une perpendiculaire $p\,p'$ prise avec l'équerre ou avec ma lunette mobile mise à 90°, je fixe cet angle par un piquet, si déjà il ne l'a été lors de la reconnaissance des limites, et j'inscris 116ᵐ 6ᵈ pour la distance de A au pied de la perpendiculaire, et 18ᵐ pour cette perpendiculaire. Comme à ce point aboutit la ligne séparative des deux champs riverains de Pierre et de Jacques, je l'indique également. Poursuivant en q, j'y prends une autre perpendiculaire à 171ᵐ 4ᵈ de A, et à 7ᵐ à droite je fixe un autre angle rentrant du périmètre par

un nouveau piquet. Puis allant jusqu'en *s* sans m'arrêter
à la ligne périmétrale, parce qu'elle est directe, j'élève à
220ᵐ une troisième perpendiculaire sur un angle fixé par
une borne à 15ᵐ à gauche, et j'inscris ces détails sur le
croquis que je forme à mesure que les sinuosités de la
limite se découvrent. Je continue en *v*, puis en B qui
devient l'extrémité de ma ligne de construction et le sommet d'un angle fait avec une autre ligne comme B C.

Après avoir inscrit la longueur totale de A B = 384ᵐ,
je stationne à ce point pour trouver l'angle A B C, je
l'inscris et je marche en B C ; mais si avant de quitter B je
puis continuer A B jusqu'en *b'* sur la ligne même de M O,
côté de la triangulation qui a dû précéder le levé, je n'y
manque pas, et si je puis mesurer *b'* M, je le fais également comme moyen de rattachement excellent, ainsi
qu'on le verra au rapport. Si les difficultés d'un terrain
couvert et accidenté s'opposent à ce rattachement, je
passe outre.

Marchant alors sur B C et C D, j'opère comme pour
A B, et de D apercevant R, autre point de la triangulation, j'y dirige un rayon comme ligne de construction, et
quand j'y suis arrivé, je prends l'angle D R M qui me servira plus tard de vérification avec l'angle T N O.

Ensuite j'établis la ligne R F, et quand j'ai dégagé ou
fait nettoyer la laie périmétrale F G, entre les deux bois,
si j'aperçois G de R, passant par F, je prends l'angle D R G ;
mais si F était le sommet d'un angle obtus quelconque, il
faudrait y stationner après avoir pris l'angle D R F et
mesuré R F ; je chaîne donc en F et en G où est un angle
saillant que je fixe par un piquet.

Faisant ensuite nettoyer G H I J, cela est nécessaire,
j'opère de la même manière, apportant tout le soin possi-

ble au chaînage des lignes et à l'observation des angles ;
et quand je suis en N , autre point de la triangulation, je
n'omets pas d'observer l'angle T N O ; et enfin, quand je
suis en A, point de départ, mon opération matérielle est
terminée.

Alors, et après avoir inscrit sur mon croquis et au pied
de la flèche des angles rentrants leur supplément à 360°,
je vois que j'ai 13 lignes de construction autour de mon
polygone, et que je dois avoir onze fois 180° ou 1980° pour
somme de tous mes angles, si mon opération est bien faite;
j'en fais ainsi le détail :

$$
\begin{array}{llll}
\text{N} & — & 61° 30' & \\
\text{T} & —\!\cdot & 288 \quad » & \text{rentrant} \quad 72° \quad »' \\
\text{A} & — & 102 \ 15 & \\
\text{B} & — & 76 \quad » & \\
\text{C} & — & 157 \ 50 & \\
\text{D} & — & 261 \quad » & \text{rentrant} \quad 99° \quad »' \\
\text{R} & — & 50 \ 40 & \\
\text{G} & — & 162 \ 40 & \\
\text{H} & — & 192 \ 40 & \text{rentrant} \ 167° \ 20' \\
\text{I} & — & 174 \ 40 & \\
\text{J} & — & 95 \ 40 & \\
\text{K} & — & 265 \ 40 & \text{rentrant} \quad 94° \ 20' \\
\text{L} & — & 92 \ 10 & \\
\end{array}
$$

Total. . . . 1980° 45'

Cette différence de 45' étant trop forte pour n'être pas
l'effet d'une erreur, je me trouve forcé de reprendre mes
angles et de me transporter à leurs sommets ; mais pour
savoir à peu près dans quelle partie de mon polygone cette
erreur existe, j'ai un moyen : je connais les angles N O M
et O M R de ma triangulation; si. jointe à celle des angles

du levé qu'elle embrasse, leur somme est exacte, évidemment l'erreur est dans l'autre partie du polygone ; ainsi posant N de 62° 40'

T	—	72	»		
A	—	257	45	rentrant	102° 15'
B	—	284	»	id.	76 »
C	—	202	10	id.	157 50
D	—	99	»		
R	—	62	45		
M	—	123	30		
O	—	96	15		

Je trouve 1260° 5'. Comme ce n'est que 5' de plus qu'il ne faut, je conclus que l'erreur n'est pas dans cette partie et que je dois la chercher dans l'autre ; et par mes vérifications, je découvre qu'il en existe une de 30' à l'angle G et je ne vais pas plus loin parce que la différence totale se trouvant réduite à 15' je tiens mon opération pour suffisamment exacte, cette différence ne pouvant pas influer sur la bonté du plan. Il ne faut pas d'ailleurs espérer de fermer ordinairement avec plus de précision.

Si de F à J la multiplicité des sinuosités du périmètre était telle qu'il fallût stationner de 50 en 50 mètres, ainsi que cela a lieu assez souvent entre bois, il vaudrait mieux ouvrir un filet de F vers J et des perpendiculaires aux sommets de la limite, que de courir le danger qui résulte toujours de la fréquence des angles, car plus il en existe sur de courts rayons, moins il y a de chances pour fermer son polygone ; c'est là l'écueil du graphomètre qui, par conséquent, doit être employé le moins possible dans un terrain couvert et montueux ; partout enfin où les angles ne peuvent être observés rigoureusement sans une perte de temps considérable. C'est alors que la boussole doit être préférée comme offrant plus de célérité et autant de précision quoi qu'on en puisse dire.

Dans un levé plus étendu, il se présente souvent des difficultés qui arrêtent le géomètre peu exercé ; mais avec un peu d'attention on trouvera le moyen de les résoudre, si d'ailleurs on s'est bien pénétré des opérations qui précèdent. *Voir* les problèmes divers sur la géodésie, n°s 36 jusqu'à 49.

USAGE DE L'ÉQUERRE.

27. *Soit à lever le polygone Y* (fig. 21).

Rien de plus simple que cette opération quand c'est un bois nouvellement exploité, et dans lequel on peut jalonner des lignes sans obstacles.

Après avoir jugé à l'œil de l'étendue et de la configuration du polygone, je vois que je puis tirer une grande ligne A B qui me servira de base ou d'axe pour élever à droite et à gauche des perpendiculaires qui doivent atteindre les sinuosités du périmètre, et aux sommets desquelles je fais planter des jalons.

En effet, jalonnant à fur et à mesure que je le parcours. la ligne A B, j'envoie des rayons perpendiculaires sur les angles et j'obtiens ainsi toutes les données nécessaires à la construction de mon plan et au calcul de son aire par les mesures mêmes du terrain. car n'ayant que des triangles rectangles et des trapèzes, je puis calculer sur les lieux mêmes, sans le secours des logarithmes.

A cette fin, je donne à chaque triangle, trapèze, etc., une lettre d'ordre que je répète à part sur mon canevas. et j'y inscris mes facteurs. Je procède aux calculs comme si tout était plein, sauf à déduire ensuite les parties vides, que j'appelle *négatives*, nommant les premières *positives*.

Rien n'est plus exact que cette manière d'obtenir la contenance d'un polygone ; mais on ne peut pas toujours opérer dans son intérieur ; si c'est un bois plein par exemple, un parc entouré de murs, il faut un autre procédé : alors on enferme la figure dans un carré, un rectangle, un trapèze ou un triangle, et de sa surface totale on soustrait, comme précédemment, les parties vides ou négatives, pour avoir, par le reste, la contenance de la partie pleine ou positive.

L'aspect figuré de ces opérations indique suffisamment les lignes à établir pour les déterminer. (*Voir* les fig. 22, 23 , 24.)

28. *Soit à lever à l'équerre la rivière* **A B** (fig. 25), *séparant un bois d'un marais.*

De *a* je fais jalonner la ligne *a b*, que je mesure en déterminant les sinuosités des deux bords de la rivière par des coups d'équerre à 45 et 90°. (*Voir* les nᵒˢ 37, 38 , 39 , 40 et 41.)

De *b* j'élève une perpendiculaire en *c*, que je mesure de la même manière ; mais comme de ce point la perpendiculaire n'est pas possible, je remarque que l'alignement *a c d* file le long de la rivière, et j'établis ce prolongement, que je mesure jusqu'en *d* ; à ce point , si le marais le permet, j'élève une perpendiculaire *d e* ; j'y chaîne et j'y plante un jalon; j'y élève une autre perpendiculaire *e h* , sur laquelle je place un autre jalon en *h*. Je reviens en *d*, et formant la ligne *d g* le long de la rivière, je note la distance *d f* quand je suis en ligne des jalons *e* et *h*, et j'ai par construction le triangle rectangle *d e f*, et ainsi du reste, suivant les difficultés, accidents ou obstacles locaux.

Dans cette opération, la boussole serait plus expéditive; mais j'ai voulu montrer qu'avec l'équerre on pouvait, à la rigueur, y suppléer.

USAGE DE LA BOUSSOLE.

29. *Soit à lever le polygone* **Z** (fig. 26).

L'usage de la boussole est à peu près celui du graphomètre, si ce n'est qu'à la boussole on a de plus l'angle de la ligne avec le nord vrai et magnétique, ou l'angle azimutal.

Elle est ordinairement montée sur un pied à trois branches; mais ce pied étant incommode et embarrassant, j'y substitue un bâton d'équerre, ferré d'une forte douille, pour l'enfoncer en terre.

Après l'avoir planté le plus avant et le plus verticalement possible à l'angle a, j'y place ma boussole et je la mets dans un plan horizontal; je dirige l'alidade sur le rayon ab que j'ai fait jalonner et je compte sur le limbe le nombre de degrés indiqués par l'un des bouts de l'aiguille aimantée quand elle n'oscille plus et qu'elle est entièrement fixée; mais pour abréger, lorsqu'elle oscille trop, je mesure à l'œil la moitié de sa course, et au moyen de sa petite bascule B (fig. 4) je l'arrête brusquement à cette moitié, puis je la laisse retomber doucement sur son pivot où elle ne tarde pas à se fixer d'elle-même dans la direction de son pôle magnétique. Alors comptant les degrés et appréciant les minutes, je les inscris sur mon croquis sans examiner si l'angle que fait le rayon ab avec celui ab

est aigu, droit ou obtus, parce que la valeur de cet angle
ne m'est pas nécessaire pour construire mon plan au cabinet, ainsi qu'on le verra au rapport. Je chaîne jusqu'au
point *b*, me servant de la *carre* de la boussole ou d'une
équerre de poche, pour élever les perpendiculaires à
droite et à gauche de ma ligne de construction. A ce point
j'opère de même pour le rayon *b c*, et je passe successivement à tous les angles de mon polygone, parcourant ainsi
sa périphérie jusqu'à mon point de départ *a* où mon opération est terminée.

On voit que pour ne pas confondre les chiffres des mesures avec ceux de la déclinaison, je tire une petite flèche
sur la ligne de construction même, à peu près dans l'o-
rientement de l'aiguille par rapport à cette ligne, et que
j'écris ma déclinaison au bout de cette flèche, et cela afin
de pouvoir juger au premier coup-d'œil, lorsqu'il s'agit du
rapport, de l'orientement dans lequel il convient de placer
mon plan sur la feuille qui doit le recevoir.

Si j'ai mesuré avec exactitude et décliné avec précaution, je cadrerai incontestablement, et j'ose dire mieux
que si j'eusse levé au graphomètre ou à la planchette ; car
avec ces deux instruments tous les angles sont dépendants
les uns des autres, et l'erreur légère qui se glisse dans le
levé ou le rapport se perpétuant, grossit d'autant plus que
le travail s'étend davantage, tandis qu'à la boussole aucun
angle ne dépend d'un autre, puisqu'ils sont toujours en
rapport avec la méridienne qui est constamment leur ligne
de foi : ainsi une erreur faite sur le terrain ou au rapport,
c'est-à-dire une déclinaison fausse, n'existerait que là où
elle aurait été faite, et ne se propagerait pas, mais se repor-
terait seulement en parallèle et n'empêcherait pas que
toutes les autres lignes ne fussent dans leur véritable

orientement. Cet avantage est précieux et mérite considération.

Je sais que, pour plusieurs théoriciens, la boussole n'est bonne tout au plus qu'à orienter les plans et que toute l'adresse de l'arpenteur échoue devant l'instabilité et les variations de l'aiguille aimantée ; mais quelque respectable que soit cette opinion, je ne la partage pas. Je me borne à dire que si j'ai cru remarquer quelquefois de l'indécision dans les mouvements de l'aiguille, et c'est surtout quand l'atmosphère est brûlante et l'air condensé, ces cas ont été extrêmement rares depuis trente ans que j'exerce et n'ont jamais influé d'une manière sensible sur l'exactitude de mes opérations.

Il peut arriver sans doute qu'à force de service, le pivot s'émoussant un peu, l'aiguille se fixe trop promptement et oblige à frapper sur le verre avec le doigt pour lui faire prendre sa direction magnétique, mais c'est un petit inconvénient auquel on remédie facilement, en redressant le pivot et en nettoyant la chape de l'aiguille avec un bois de fusain, comme font les horlogers pour les montres.

Ainsi les erreurs de déclinaison sont donc rares ; celles que l'on commet sont, pour ainsi dire, volontaires ; elles proviennent, ou de ce qu'on ne met pas la boussole d'aplomb et qu'on lit mal sur le limbe, ou du peu de soin qu'on donne à la formation des lignes de construction, parce qu'on sait que, ces lignes étant courtes, les erreurs n'ont pas d'importance, ou encore parce qu'on néglige peut-être d'éloigner de deux ou trois pas la chaîne et les fiches du point de station, pendant l'observation de l'angle ; mais à cet égard on a tort, car il y a si peu de différence de temps entre une opération faite avec soin et une opération un peu négligée, qu'on ne doit jamais se hâter ; la satisfaction qu'on en éprouve au cabinet est une immense compensation du temps qu'on a consacré à mieux faire.

Il ne faut pas négliger de décliner sur les points de la triangulation à mesure que l'on opère, c'est un moyen de rattachement très-facile et qui sert également à placer des objets pas trop éloignés du périmètre, sans en chaîner les distances.

30. *Ainsi, soit un pignon E (fig. 27), à placer.*

Du point A déclinez sur E et cotez votre angle ; continuez votre opération en D, et quand vous jugerez être à peu près aussi éloigné de A que de E, c'est-à-dire avoir un triangle approchant de l'équilatéral, parce que ce sont les meilleurs, déclinez de nouveau sur E, et ce point est placé.

Après le levé d'un polygone et avant de quitter les lieux, on peut savoir, à la boussole comme au graphomètre, si l'on ferme, et l'on fait toujours bien de s'en assurer ; il suffit de déduire les angles les uns des autres, et voici comment :

Le rayon $a\,b$ décline de 264° 30', et le rayon $b\,c$ de 187°; cherchez la différence de ces deux déclinaisons, vous aurez 77° 30' pour supplément de l'angle $a\,b\,c$; donc cet angle est de 102° 30'.

USAGE DES NIVEAUX.

Cultellation.

31. La cultellation est un mode d'arpentage qui a pour but de ramener à leur projection horizontale toutes les parties déclives d'un terrain dont on veut former un plan

géométrique. Cette méthode diffère de celle qu'on appelle géométrale ou de développement, en ce que celle-ci consiste à mesurer les ondulations par des côtés et des angles pris parallèlement à sa surface, tandis que celle-là suppose au terrain, non-seulement une surface plane, mais encore horizontale.

Pour réduire un terrain à sa projection horizontale, il est plusieurs moyens : le premier, que je ne fais qu'indiquer, consiste à tenir la mesure dont on se sert dans une situation toujours horizontale ; mais comme ce moyen n'est pas exempt d'erreur, il faut employer le suivant :

Si j'ai un graphomètre et un niveau mobile ou de poche, je mets le limbe du premier dans un plan vertical (fig. 28) et parallèle à la ligne à déterminer, et supposant le bord A B de l'instrument parallèle à la ligne zéro ou 180°, je place ce bord dans une situation horizontale au moyen du niveau que j'asseois sur son champ. Je fais porter un jalon en G, avec un papier placé à la hauteur D F, et dirigeant ma lunette ou mes pinnules sur cette mire, j'ai, par l'arc compris entre la ligne zéro et mon alidade, la mesure de l'angle d'inclinaison cherché C D E.

Mesurant alors le rayon DE ou plutôt F G, en tenant la chaîne parallèle au sol, j'ai un triangle rectangle D C E que je puis calculer par les logarithmes ; mais ce calcul, quoique simple, exigeant un certain temps, je l'abrège par le moyen des tables des sinus naturels. (J'en donne une à la fin de ce livre.)

Ainsi, supposant l'angle d'inclinaison de 20°, son complément sera de 70°, on trouve pour 20° = 34202, et immédiatement à côté pour 70° = 93970, qui, tous deux multipliés par l'hypothénuse ou le rayon D E de 140ᵐ, donnent pour le sinus C E = 47,9, différence de niveau entre D et E, et pour le sinus C D = 131,6, longueur de la projection horizontale de D E ou F G.

La précision de cette opération dépend entièrement du soin qu'on met à l'observation de l'angle d'inclinaison et à la mesure non cultellée du rayon incliné.

L'opération est plus courte en employant le niveau de pente dont il est parlé à la fin du n° 8.

Cette méthode de nivellement est préférable à celle par coups de niveau; elle simplifie et abrége l'opération de plus de moitié, et détermine en outre les mesures du terrain nivelé de manière à en former le plan; cependant, comme elle est moins en usage que celles à niveau d'eau et à niveau d'air, nous donnerons des exemples de ces autres méthodes.

32. *Soit à niveler le terrain A B* (fig. 29).

Plantez aux deux points A et B deux piquets garnis de carton ou de papier C P, qui puissent couler à volonté. Choisissez une place entre ces deux piquets qui en soit à peu près également éloignée, et dressez-y un niveau. Visez alors vers B et faites baisser ou hausser le carton jusqu'à ce que vous découvriez la marque noire qu'on y a faite; visez ensuite vers A de la même manière; mesurez exactement la hauteur P A et la hauteur C B, leur différence exprimera l'élévation de B sur A.

En donnant ainsi plusieurs coups de niveau, on détermine la pente de deux points plus éloignés.

Le cas le plus compliqué dans le nivellement est celui d'un terrain qui tantôt monte et tantôt descend.

33. *Soit le terrain inégal A B* (fig. 30).

Quand on a trouvé les hauteurs A 1. 2-3. 3-4. 5-7. 6-7.

8-9, 8-10, 11-12. 11-13, B 14 , d'après le principe précédent, on a donné dix coups de niveau, dont cinq coups d'arrière et cinq coups d'avant, qu'on dispose , comme il suit , sur un canevas.

Coups d'arrière.	*Coups d'avant.*
A 1 = 1^m 20^c	2 — 3 = 0^m 50^c
3 — 4 = 0 90	5 — 7 = 1 80
6 — 7 = 0 75	8 — 9 = » 45
8 — 10 = 1 30	11 — 12 = » 75
11 — 13 = 1 95	B — 14 = » 40
TOTAL. . . 6 10	TOTAL. . . 3 90
3 90	
2 20	

Les coups d'avant produisant moins que les coups d'arrière , le point B est de 2^m 20^c plus élevé que le point A.

Moins il y a de coups de niveau, plus le travail est exact.

Dans la première opération , j'ai indiqué des jalons pour mires, parce que j'ai supposé l'absence d'une mire montée sur une règle divisée en centimètres; mais cette dernière est préférable , et une seule suffit , même dans une opération compliquée, puisque, après le coup d'arrière, on peut la reporter en avant pour le coup d'avant, et qu'il ne faut que la retourner pour le nouveau coup d'arrière, toutefois en prenant le soin de ne pas déranger le piquet ou la pierre qui lui sert d'appui.

34. Dans un nivellement important et d'une grande étendue, le niveau obtenu n'est souvent qu'apparent et diffère du vrai d'une quantité de 0^m 08^c par mille mètres; en effet :

Lorsque la distance A D (fig. 31) est assez considérable

pour que la courbure de la surface terrestre soit sensible dans cet intervalle, il est évident que si la ligne A D était le niveau vrai, elle serait partout à égale distance du centre B, tandis qu'elle s'en écarte, au contraire, à chaque pas, comme tangente de l'arc A C.

A cette occasion disons ce qu'on entend par niveau de la mer.

35. Bien que la terre ait beaucoup d'inégalité à sa surface et qu'elle soit un peu aplatie vers les pôles, on la regarde ordinairement comme sphérique ; mais la surface seule de la mer a cette forme comme étant toujours à une égale distance du centre de la terre, et c'est cette égalité qu'on appelle niveau de la mer et auquel on subordonne tout ce qui sur les continents s'élève au-dessus de cette surface.

Ainsi, (fig. 32) C F D étant la surface de la mer, si l'on suppose la sphère arrondie en C A D, tout ce qui, comme A B, est en dehors de ce cercle, s'appelle hauteur au-dessus du niveau de la mer.

Quand on connaît une de ces hauteurs, on y subordonne, par un nivellement, tous les points dont on veut avoir la hauteur relative.

L'excès du niveau apparent sur le vrai n'étant, comme on le voit, que d'une bien faible importance, il est rare qu'on en tienne compte dans la pratique ordinaire ; cependant, s'il s'agissait d'établir un canal, comme la pente dans ce cas est souvent peu sensible sur une grande étendue, il faudrait y avoir égard.

L'écoulement de l'eau dans un canal exige une pente continue de deux centimètres par cent mètres. Elle peut s'écouler avec une pente plus faible ; mais cela dépend de beaucoup de circonstances que je ne puis détailler.

35. Supposons maintenant qu'une ligne de nivellement est indiquée pour un projet de canal, de route ou de chemin ; c'est-à-dire que l'étude en est faite, que les endroits les plus favorables et offrant le moins de pente possible, sont déterminés par des piquets, et qu'enfin l'axe de la route à établir étant fixé, il reste à faire et le plan des lieux et les nivellements définitifs en long et en travers, et le calcul des cotes rouges, comme éléments des massifs en déblais et remblais.

Dans ce travail, outre les cotes verticales, on mesure les distances entre les mires et l'on rattache exactement les nivellements en travers aux piquets du profil en long, et lorsque les deux stations ont le même centre, les calculs des déblais et remblais en sont plus faciles.

Un seul coup de niveau suffit ordinairement pour chacun des profils en travers, qui ne dépassent, que par rare exception, une largeur de 12 à 15 mètres.

Les cotes de ce nivellement composé et qui peut être assez étendu, s'écrivent sur un canevas préparé comme à la figure 33.

Pour les rapporter ensuite à une même horizontale, on prend une cote d'emprunt qui excède un peu le point qu'on juge le plus élevé du profil.

Ainsi soit 2^m *l'emprunt A* 1 (fig. 34) :

Otez-en le premier coup d'arrière, et au reste ajoutez le premier coup d'avant, vous aurez la nouvelle cote de B. De cette nouvelle cote ôtez le deuxième coup d'arrière et ajoutez le deuxième coup d'avant, vous aurez la cote de C; et ainsi de suite, comme ci-après :

Pour A. . . . . 2^m »
     B. . . 2^m » — 1 10 + 1 50 = 2 40

$$
\begin{aligned}
&\text{C.\ .\ .\ 2\ 40} - \text{»\ 30} + \text{2\ 10} = \text{4\ 40} \\
&\text{D.\ .\ .\ 4\ 40} - \text{»\ 50} + \text{»\ 40} = \text{4\ 30} \\
&\text{E.\ .\ .\ 4\ 30} - \text{1\ 40} + \text{»\ 20} = \text{3\ 10} \\
&\text{F.\ .\ .\ 3\ 10} - \text{1\ 60} + \text{1\ 40} = \text{2\ 90} \\
&\text{G.\ .\ .\ 2\ 90} - \text{2\ 30} + \text{1\ 20} = \text{1\ 80}
\end{aligned}
$$

D'où la différence de niveau des points extrêmes A et G est de $1^m 80 - 2^m 0 + - 0^m 20$.

C'est par cette préparation qu'on peut rapporter le profil du nivellement à une horizontale H R, ainsi que nous allons l'expliquer immédiatement pour n'y plus revenir.

Formation des profils d'un projet de route.

Après l'étude de ce projet et son nivellement définitif tant en long qu'en travers, et quand son profil H R est rapporté, il s'agit d'en déduire les données nécessaires au calcul des massifs, en compensant autant que possible les déblais avec les remblais.

Supposant que la route à établir doit commencer en A,
(même figure).

On détermine l'axe A L K, soit d'abord A L : je vois par mes notes que cette pente doit être assez forte ; si elle n'est d'avance fixée à un *minimum* donné, j'adopte la pente qui, ne dépassant pas le *maximum*, me permet de compenser les déblais par les remblais ; et ici, la fixant à $0^m 05$ par mètre, je dis : $1^m 0 : 0^m 05 :: 1,4 : L\,4 - A\,1$; ce qui me donne $1^m 75$ pour différence de niveau des points A et L. Défalquant $1^m 75 + 2^m 0 = 3^m 75$, de D $4 = 4^m 30$, j'ai $0^m 55$ que je porte sur la verticale D 4, et j'ai L pour l'extrémité de l'axe A L.

Soit ensuite l'axe LK :

Toujours préoccupé du besoin de compenser à peu près les remblais par les déblais et de donner le moins de pente possible, je cherche par une pente de $0^m 02$ par mètre, si je puis obtenir ce résultat, et voici l'opération que je fais :

$1^m 00 : 0^m 02 :: 4,7 : K,7$ ou $1^m 00 : 0^m 02 :: 430 : K,7 = L 4$ de $375 — 1^m 06 = 2^m 69$.

Alors, pour avoir G K, j'ai $2^m 69 — 1^m 80 = 0^m 89$; portant cette distance sur la verticale, j'obtiens l'axe **L K**.

Quant aux côtes F f E e', etc., nécessaires au calcul des massifs à déblayer et à remblayer, je dis pour F f :

$1^m 0 : 0^m 02$, pente par mètre :: $6,7 = 140^m : f'$ 6 — K,7, $= 0^m 28$; dès-lors ce nombre, $+$ K7 $= f$ 6, d'où f 6 — F6 $= f'$ F, c'est-à-dire $0^m 07$.

Puis pour E e' :

$1^m 0 : 0^m 02 :: 5,7 : e',5$ — K 7 $= 0^m 80$; d'où également $0^m 80 + $ K 7 $= e',5$, et $e',5$ — E 5 $= e'$ E, c'est-à-dire $0^m 39$.

Puis pour b' B :

$1^m 0 : 0^m 05$, pente par mètre :: $1,2 = 120^m : b'$ 2 — A 1 $= 0^m 60$; d'où encore $0^m 60 + $ A1 $= b'$ 2, et b' 2 — B 2 $= 0^m 20$.

Puis enfin pour C c' :

$1^m 0 : 0^m 05 :: 1,3 : c'$ 3 — A 1 $= 1^m 35$, d'où $1^m 35 + $ A 1 $= c'$ 3, et c' 3 — C 3 $= 1^m 05$.

Il reste à trouver les points de passage o' p' :

On a les triangles semblables o' e' E, o' L D, qui donnent e' E $+$ L D : L D :: $4,5 = 130 : L o'$, d'où il résulte o' e' $= 0^m 55$, o' L $= 0^m 75$, p' b' $= 0^m 24$, c' p' $= 1^m 26$.

Je puis donc calculer par l'aire des bases des remblais

et déblais, si ceux-ci se compensent à peu près ; et comme je trouve 1507^m pour le remblai et 1520^m pour le déblai, je maintiens mon axe sans m'arrêter aux différences de volume que peuvent donner les pentes en travers, à moins que ces différences aillent jusqu'au centième environ.

Quant aux profils en travers, on dresse d'abord le profil de la route même (fig. 34 *ter*), d'après les dimensions arrêtées, et l'on y inscrit ces dimensions.

Une route forestière, car nous n'entendons parler que de celles dont la construction peut entrer dans les attributions des géomètres forestiers, est ordinairement composée d'un encaissement ou chaussée empierrée et un peu bombée vers l'axe, de deux accottements en terre et de deux fossés de 1^m 50 à 2^m d'ouverture à l'orifice, ayant un mètre environ de profondeur et des talus d'une inclinaison de 45° environ.

Le profil des nivellements en travers qu'il s'agit d'établir n'est que le canevas rapporté exactement. La figure 34 *bis* correspond au nivellement en long de la figure 34.

Quand on a décidé de quel côté de l'horizontale du point de station on mettra ce qu'on nomme les cotes rouges (ce sont toutes celles relatives au projet) qui indiquent le terrain plus élevé que ce point, c'est-à-dire, si c'est à droite ou à gauche de cette ligne ; supposons que c'est à droite :

On trace d'abord une ligne A G représentant l'axe de la route ; de A on fait A B = 120^m, et à ce point on trace un autre profil B h en perpendiculaire ; puis on fixe les points de station C D E F G, et après avoir placé sur ces axes perpendiculaires les largeurs des parties de la route, conformément aux dimensions du profil en travers de la figure 34 *ter*, arrêté à 10^m de largeur, fossés compris, on tire parallèlement toutes les lignes passant par les mêmes points

de ces profils, interrompant ces lignes aux points de passage et de remblais, s'il y a lieu.

Lorsque ces profils sont tracés et que les cotes correspondantes sont inscrites des deux côtés du grand axe, on
calcule les cotes rouges de cette manière :

En B, où est la première coupe du projet, le terrain
est, d'après le nivellement en travers, d'un mètre plus
élevé à 6^m à gauche, et il est de $0^m 90$ plus bas à $5^m 50$ à
droite; pour trouver la hauteur z, z, dites : 6^m (longueur
de l'axe B h) : 1^m (hauteur du terrain) :: 2^m (largeur de
B z, demi-encaissement) : $z, z, = 0^m 33$; ce qui se réduit
à $\frac{2}{6} = 0^m 33$.

Ainsi, pour $n\ n$ on a $\frac{3^m 50}{6} = 0^m 58$; pour $s\ s$ on a
$\frac{4^m 10}{6} = 0^m 68$, et ainsi de suite pour les autres parties du
projet.

Pour trouver la cote rouge v, v', le procédé est le même;
car, pour $v'\ y$, on a $\frac{3^m 50}{6} = 0^m 58$, d'où $v, v' = $ B x de
$1^m 20$, et $v, v' - v, y = 0^m 62$.

Bien que ces cotes ne soient pas toutes indispensables
dans les opérations où l'on ne désire pas une grande précision, il est toujours bon de les chercher pour se familiariser avec ce genre de calcul, sauf à en négliger quelques-
unes, ainsi que je l'ai fait dans le tableau qui va suivre,
où, au lieu de calculer à part la chaussée, les accottements, les rectangles des fossés et les talus, j'ai simplifié,
en considérant les profils en long et en travers comme des
lignes droites, et les solides comme des corps à faces rectangulaires et trapézoïdales; dès-lors j'ai considéré A B
comme hauteur du trapèze total. Quant aux cuvettes des
fossés, comme elles sont sous le projet, je les ai calculées
à part.

Ces calculs reposant sur les principes de la stéréométrie,

nous les supposons acquis à nos lecteurs ; mais nous appelons toute leur attention sur l'appréciation des solides, sur leur nature et leur espèce, afin d'en bien conjuguer les dimensions. Nous pensons que le tableau suivant peut aider à ces opérations et tenir lieu des explications que nous pourrions ajouter.

Tableau des cotes du projet et du volume des déblais et remblais.

INDICATIONS des PROFILS		DIMENSIONS		Produits.	Diviseurs.	Surfaces.	Longueurs.	VOLUMES	
		somme des largeurs.	hauteurs moyennes.					en déblai.	en remblai.
A B	Encaissement....	21 50	1 20	27 80	4	6 45			
	Accottements....						120 "	903 60	" "
	Fossés et talus....								
	Cuvettes des fossés	3 60	" 60	2 16	2	1 08			
B A'	Encaissement....	24 50	1 20	27 80	4	6 45			
	Accottements....						24 "	180 72	" "
	Fossés et talus....								
	Cuvettes des fossés	3 60	" 60	2 16	2	1 08			
A' C	Encaissement....	18 80	1 05	19 74	4	4 93	126 "	" "	624 80
	Accottements....								
	Fossés et talus....								
C D	Idem	37 "	1 80	66 60	4	16 65	80 "	" "	1332 "
D d	Idem	18 20	2 55	46 41	4	11 60	75 "	" "	870 "
d E	Idem	18 30	" 39	7 14	4	1 78	55 "	98 "	" "
	Cuvettes des fossés	3 60	" 60	2 16	2	1 08	27 05	29 70	" "
E F	Encaissement....	43 "	" 23	9 89	4	2 47			
	Accottements....						260 "	923 "	" "
	Fossés et talus....								
	Cuvettes des fossés	3 60	" 60	2 16	2	1 08			
F G	Encaissement....	45 30	" 48	21 74	4	5 44			
	Accottements....						140 "	942 80	" "
	Fossés et talus....								
	Cuvettes des fossés	3 60	" 60	2 16	2	1 08			
							Totaux	3047 82	2823 80

Les déblais dépassent les remblais de 224 mètres cubes, et bien qu'il faille éviter cette différence, quand cela est possible, il vaut mieux encore que le *plus* soit de ce côté que de l'autre, parce qu'il est plus facile d'utiliser sur place un excédant de déblai que d'aller chercher souvent assez loin un complément de remblai.

Dans notre projet, l'axe A G est droit; mais si la route changeait de direction à ce point, comme vers II, il faudrait calculer la coupe $m'\,g'$ à droite et à gauche de l'axe, afin de trouver les hauteurs des massifs rectangulaires et obliques qui en résulteraient.

Notre manière de calculer les massifs, au tableau qui précède, n'est pas rigoureuse; mais dans la pratique on n'en emploie pas d'autre, les différences qui en résultent étant de peu d'importance, surtout pour les travaux de l'espèce que les géomètres forestiers auront à traiter, puisqu'ils ne peuvent porter que sur des chemins de vidanges dans les bois, et non sur les routes royales, départementales, communales et autres qui sont toutes du ressort des ingénieurs des ponts et chaussées et des agents-voyers.

Au surplus, si l'on était curieux d'acquérir à cet égard de nouvelles connaissances, comme cet objet sort de notre cadre, nous renvoyons aux traités spéciaux. Nous y renvoyons également pour ce qui concerne la construction des ponts, ponceaux, acqueducs, maisons forestières, etc., cette architecture n'ayant pas de liaison intime avec la géodésie.

PROBLÈMES DIVERS SUR LA GÉODÉSIE ET LES DIFFICULTÉS LOCALES.

36. *Tracer une ligne droite avec des jalons sur un terrain coupé par des vallons* (fig. 35).

Plantez une équerre en C, faites poser un jalon en B et un autre en A, de manière à couvrir la tête de ce dernier avec le pied de B planté bien verticalement ; sans déranger l'équerre, faites planter les jalons D E dans la même direction, allez en F dans l'alignement E D, faites planter H immédiatement au-dessus de G ; montez en I, placez I sur H G ; rendez-vous en K, et par un alignement I H ou bien I F, ou mieux encore C B, si cela se peut, faites placer M en ligne de la tête de L, transportez-vous en N et continuez d'après ce procédé, vous aurez une ligne droite, si vous prenez le soin de couper des jalons droits et de les planter bien verticalement, point essentiel pour bien opérer.

37. *Trouver avec l'équerre la longueur d'une ligne inaccessible* (fig. 36).

Soit A D : élevez et mesurez une perpendiculaire D E, et faites planter un jalon en E ; mesurez sur l'alignement A D une distance quelconque D B ; élevez une autre perpendiculaire B C que vous mesurez jusqu'à l'alignement E A ; soustrayez D E de B C, il vous restera C c, et vous aurez :

$$C\,c : D\,B \text{ ou } E\,c :: E\,D : A\,D$$

38. *Autre manière.*

Si l'équerre est fendue à 45°, mesurez sur D E jusqu'à ce

que vous découvriez sous cet angle le point A, vous aurez alors D e = A D, comme côtés d'un triangle rectangle isocèle.

39. *Autre manière* (fig. 37).

Elevez sur A D une perpendiculaire D E que vous mesurez; par une ligne E B perpendiculaire sur A E, revenez en B et mesurez B D, vous aurez :

$$B D : D E :: D E : A D$$

40. *Autre manière* (fig. 38).

Soit A B dont les extrémités sont accessibles.

Sur un angle arbitraire je mesure B C; sur un angle droit A C B, je mesure C A, j'ai donc :

$$\sqrt{B C^2 + A C^2} = A B$$

Supposant B C = 10, A C = 14, dont les carrés 100 et 196 font 296, j'ai pour racine carrée de ce nombre 17,2 qui exprime la longueur A B.

41. *Autrement.*

Mesurez une perpendiculaire B D jusqu'à ce que vous jugiez pouvoir mesurer D A sans obstacle; arrivé en A, faites cette opération : ôtez le carré de B D du carré A D, la racine carrée du reste exprimera le côté cherché A B.

42. *Mener une parallèle à la ligne A B et déterminer la longueur de cette ligne à l'aide d'une chaîne seulement* (fig. 39).

Du point A marchez sur un angle quelconque en chaînant A E = E C; chaînez ensuite de C en B sur un autre angle arbitraire en faisant C G = G B, la ligne E G sera parallèle à la ligne A B et aura moitié de sa longueur.

43. *Du point E donné mener une parallèle à une ligne inaccessible C D, et déterminer sa longueur au moyen d'une chaîne et d'une équerre* (fig. 40.)

De E déterminez la longueur E C par le procédé du n° 37. Sur une perpendiculaire E H marchez jusqu'à la perpendiculaire F D ; cherchez cette hauteur par le même n° 37 ; soustrayez F D de E C et portez le reste en F G , la ligne E G sera parallèle à C D et aura la même longueur.

Avec le secours du graphomètre cette opération est plus simple et n'exige aucun chaînage de ligne.

44. *Ainsi* (fig. 41), *soit du point L à trouver la ligne L K parallèle à la ligne R S.*

De L prenez l'angle R L S ; allez en D en tâtonnant jusqu'à ce que vous trouviez le même angle ; observez de D l'angle R D L, il sera égal à l'angle R S L ; ouvrez cet angle sur L S, c'est-à-dire l'angle S L K, la ligne L K sera parallèle à la ligne donnée R S.

45. *Prolonger une ligne A G au-delà d'un obstacle* (fig. 42).

Du point A faites un angle aigu quelconque et marchez sur A B en mesurant ; élevez et chaînez la perpendiculaire B G ; continuez la mesure de la ligne en C , puis en D , vous aurez :

$$A\,B : B\,G :: \begin{cases} A\,C : C\,F. \\ A\,D : D\,E. \end{cases}$$

Elevez la perpendiculaire obtenue C F, puis celle obtenue D E, l'alignement F E sera le prolongement de la ligne A G.

Autrement :

Du point H élevez la perpendiculaire H K sur un point fixe et le plus éloigné possible, ou bien ouvrez une ligne, si c'est dans un bois que vous opérez; élevez une autre perpendiculaire I M, puis sur celle-ci une autre M N égale à H I, puis encore N E, cette dernière sera le prolongement cherché.

Autrement :

Soit la ligne A C à prolonger (fig. 41 *bis*).

A la moindre distance possible de la ligne A C et en perpendiculaire, placez un jalon de l en d, puis un autre en f, puis un troisième en g en ligne de $f d$, puis un autre en k faisant $g h = l d$, puis enfin $k i = l d$, la ligne $h i$ sera le prolongement cherché.

46. *Mener une ligne droite d'un point donné à un point invisible* (fig. 43).

Soit la ligne A C à ouvrir à travers un bois directement sur l'arbre situé en C.

Du point A j'envoie un homme en C; je l'y fais crier à haute voix, et je dirige et j'ouvre au hasard une ligne A D sur la voix; il n'est pas probable que j'arriverai en C, mais je m'y rends par une perpendiculaire D C que je mesure comme j'ai fait pour A D. Je suppose l'une de 36 mètres, et l'autre de 356 mètres, d'où j'ai :

$$356 : 36 :: 100 : x = 10^{m}1.$$

Mesurant alors 100 de A en E, et 10^m 1^d par une perpendiculaire E F, l'alignement A F est la direction de la ligne A C.

Ce procédé est très-long, en ce qu'il faut ouvrir deux laies au lieu d'une, aussi l'emploie-t-on peu dans la pratique.

Le plus usité est celui qui consiste à lever par des lignes brisées, soit dans les parties claires du bois, soit sur le périmètre et jusqu'au point désigné, le plan des lieux; d'en faire le rapport et de déterminer graphiquement ou par le calcul l'angle sous lequel la ligne doit être ouverte.

47. *Soit la ligne sinueuse A B C D E à remplacer par une ligne droite A E* (fig. 44).

Après avoir observé les angles B, C, D, et mesuré les côtés adjacents, je puis, par les côtés A B, B C, et l'angle compris B, déterminer par les formules trigonométriques (n°⁸ 20, 22) l'angle B C A et le côté C A; puis par cet angle ajouté à l'angle B C D, je trouve le côté A D et l'angle A D C; puis enfin, par ce même angle soustrait de l'angle A D E, j'obtiens également le côté A E et l'angle A E D. Dès-lors, ouvrant cet angle au point E sur le rayon E D, j'ai la direction exacte de la ligne cherchée A E.

Bien que cette méthode paraisse compliquée, elle est préférable à tout autre sous le rapport de l'exactitude et même de la célérité, car il est moins long de procéder aux calculs qu'elle exige, qu'à l'ouverture d'une tranche provisoire ou à la formation d'un plan quelconque.

Ce genre d'opération est souvent employé dans les délimitations, bornages, aménagements, parce qu'alors il s'agit presque toujours de redresser une limite ou d'ouvrir une ligne d'un point donné à un autre connu, mais inaccessible à la vue.

48. *Avec une chaîne seulement élever une perpendiculaire à l'extrémité d'une ligne donnée A B* (fig. 45).

Mesurez une distance quelconque A F en prolongement de B A; sur un rayon F G, pris arbitrairement, faites F G = A F; mesurez G A et plantez un jalon à sa moitié E; chaînez E F et vous aurez,

$$E\,F : E\,A :: E\,A : E\,D.$$

Portez E D en prolongement de F E, A D C sera perpendiculaire à la ligne A B.

49. *Transformer la limite sinueuse A B C D E F G* (fig. 46) *en une droite A L sans changer la contenance du polygone.*

Dans cette opération on suppose le terrain dégagé et libre d'un côté, car autrement il faudrait former le plan des lieux.

Après avoir levé cette limite par la base A H et des perpendiculaires, comme au n° 27, cherchez la surface de cette partie négative que vous diviserez par la longueur A H, le quotient exprimera la hauteur d'un rectangle équivalent à ladite partie; portez le double de cette hauteur de H en L, la ligne A L sera la ligne demandée; mais pour la tracer et l'ouvrir, dites:

$$A\,H : H\,L :: A\,B : B\,c'.$$

Portez la distance obtenue de B en c', la ligne A c' continuée doit arriver au point L si l'opération a été bien faite, et cette ligne compense les parties négatives et positives de la ligne sinueuse A B C D E F G.

D'autres questions sur les difficultés du terrain auraient pu trouver place ici ; mais la trigonométrie en a pris une part, ainsi qu'on l'a pu voir ; et la géodésie relative aux opérations d'assiette et de réarpentage en réclame une autre ; j'y renvoie.

RAPPORT DES PLANS.

50. *Rapport des données du graphomètre.*

Le rapport des plans offre plus de difficultés qu'on ne le croit communément, et l'on ne peut apporter trop de soins dans le choix des instruments de cabinet ; car il arrive souvent que c'est à leur imperfection ou à leur emploi trop négligé, plutôt qu'à l'opération du levé, qu'est due la nonfermeture des plans. Une règle mal dressée, un crayon mal taillé, un compas émoussé, un rapporteur inexact, un piquoir épointé, une échelle tourmentée, un trait gros et irrégulier sont autant de causes, et presque les seules, de l'insuccès du rapport.

A l'aide du croquis sur lequel on a consigné les mesures du terrain, il s'agit d'en construire le plan ; avant d'y procéder, il faut faire choix d'une échelle : pour les plans des coupes de 3 ou 4 hectares et au-dessus, on adopte celle de 1 à 5,000, et pour les coupes au-dessous, celle de 1 à 2,500.

Quand il s'agit de l'ensemble d'un plan assez étendu, il est d'usage de le rapporter à l'échelle du $\frac{5}{10000}$.

On adopte au surplus telle proportion que l'on veut, selon que le plan a besoin d'être réduit ou développé. Il est bon d'avoir plusieurs échelles à sa disposition , soit en cuivre, soit en ivoire , et surtout de celles à biseau, comme à la fig. 47. Cette dernière échelle est d'un grand secours dans le placement des points d'arrêt sur une ligne de construction : on la place à zéro sur le point de départ de la ligne, et avec un piquoir on marque chaque arrêt à sa distance correspondante. Ce moyen a un grand avantage sur le compas en ce qu'il est plus prompt sans être moins exact.

51. Je suppose qu'on sait faire usage du rapporteur (fig. 48), servant à former sur le papier des angles semblables à ceux qu'on a observés sur le terrain ; voici du reste comme on opère :

Soit à former sur la ligne A B (fig. 48) l'angle A C D de 53° 30'.

Superposez le centre C du rapporteur sur le sommet de l'angle , et quand la ligne zéro couvre exactement la ligne A B , marquez avec un piquoir le point D vis-à-vis 53° 30', et tracez la ligne C D , l'angle sera construit ; ainsi des autres.

Il y a d'autres manières de former des angles : la table des cordes de MM. Francœur et Daubusson, appelée rapporteur exact, remplace avantageusement le rapporteur ordinaire quand il s'agit de grands rayons ; mais comme tout le monde n'a pas cette table sous la main, j'en ai donné une à la fin de cet ouvrage , calculée de degré en degré seulement pour un rayon de 2,000 et 3,000 parties.

En voici l'usage :

52. *Soit à construire un angle de 38° 20'.*

Prenez avec un compas sur une échelle quelconque de parties décimales une valeur de 200, 2,000, 300 ou 3000 ;

portez cette longueur de A en B (fig. 49), décrivez l'arc
B C indéfini ; cherchez dans la table la corde de 38° 20' ;
vous aurez, si votre rayon est de 200 , 131,3 , en tenant
compte de la différence ; prenez cette longueur sur
l'échelle et portez-la de B en C, la ligne A C sera l'angle
proposé.

Ou bien encore, avec les sinus naturels :

Portez 1000 de A en B (fig. 50); cherchez dans la table
des sinus naturels, à la fin de ce livre, celui de 38° 20',
vous trouverez 620,24 ; avec une ouverture de compas de
620,24, décrivez de B, comme centre, l'arc *d C e*, tirez
la ligne A C tangente à cet arc, l'angle sera construit.

53. Pour tracer un angle obtus donné, on établit celui
de son supplément par le prolongement du côté connu.
Ainsi, pour construire l'angle F A C (fig. 51), je forme
BAC qui est son supplément à 180°.

Comme on le voit, ces opérations se font aussi promptement par la table des sinus naturels que par celle des
cordes.

Mais quels que soient l'avantage et l'exactitude de ces
procédés , on les emploie rarement dans la construction
des plans, parce que à côté de leurs bons résultats se
trouve le défaut de célérité , et c'est un point important.
D'ailleurs leur exactitude n'est pas telle qu'un bon rapporteur n'y puisse atteindre ; et je crois surtout que mon polygonomètre, dont il sera bientôt parlé, peut y suppléer
avec avantage sous le rapport de l'exactitude, et avec supériorité , quant à la célérité.

Le compas de proportion, entre autres propriétés bien
précieuses, a celle aussi de donner les cordes de tous les
arcs avec assez de précision.

Quand donc j'ai fait choix d'une échelle et d'un rapporteur, je puis procéder à mon rapport ; toutefois, j'ai encore à préparer la feuille qui doit recevoir le plan du terrain levé, et à y placer les points de ma triangulation.

54. A cet effet, je commence par établir sur ma feuille de rapport une série de parallèles et de perpendiculaires formant des carrés de 500 ou 1,000^m de côté. Le tracé de cette série exige une règle bien dressée, d'un mètre de long au moins, pour embrasser une feuille papier grand-aigle dans sa longueur ; alors je tire, à peu près au milieu de cette feuille, une ligne au crayon, A B, parallèle le plus possible à ses bords (fig. 52) ; j'élève bien exactement une perpendiculaire $d\,d$ qui coupe cette ligne en A, et avec une ouverture de compas égale à la longueur d'un des côtés des carrés que je veux tracer, je vais de A en B marquant un petit point à chaque coup de compas ; mais, comme dans ces enjambements, la pointe du compas peut glisser un peu, je renouvelle l'opération et m'assure que le compas conserve bien son ouverture donnée.

Au point B j'élève la perpendiculaire $c\,c$ sur laquelle je porte ensuite mon compas de B en $c\,c$ et de A en $d\,d$. Tirant alors des lignes de ces points à leurs points correspondants, j'ai des parallèles exactes. Portant ensuite mon compas de c en d avec sa même ouverture, je dois arriver exactement au point d ; s'il y a erreur, c'est qu'une des perpendiculaires ou toutes les deux sont fausses, et je les vérifie jusqu'à ce qu'il n'existe plus aucune différence. Traçant alors ces lignes comme les premières, j'ai des carrés de 500^m de côté et de 25 hectares de superficie.

55. Cela fait, ayant sous les yeux le registre où j'ai consigné le résultat de ma triangulation, et supposant que le point E est à l'ouest du plan que je veux rapporter, et que ce plan occupera environ quatre carrés du nord au sud, et

deux ou trois de l'est à l'ouest, je conclus que, pour qu'il soit placé à peu près au milieu de la feuille, le point E doit être dans le carré R S T V; en conséquence, j'écris sur les extrémités de la ligne de son côté ouest, 50,000, et sur les extrémités de la ligne de son côté nord , 30,000 , c'est-à-dire que je suppose le côté R T à 50,000^m de la méridienne, et le côté R S à 30,000^m de la perpendiculaire ; et comme le point E, ainsi qu'on l'a vu au registre (n° 25), est à 50,432^m de la première et à 30,120^m de la seconde , je porte 432^m de R en x et de T en y, et après avoir tiré la ligne $x\,y$, je porte depuis x 120^m sur cette ligne, et le point E est placé. J'écris ensuite sur les autres lignes des carrés les distances qui leur conviennent, ainsi qu'on peut le voir, et je continue le placement de mes points.

Si je veux placer le point I, je vois de suite qu'il appartient au carré P, et je le détermine comme le précédent.

Trouvant ensuite L, j'ai le triangle L E I conforme aux données de ma triangulation , car si je mesure le côté L I, je le trouverai exactement de 826^m 5, et avec plus de précision que si j'eusse placé les sommets, comme le font mal à propos quelques arpenteurs, par les longueurs des côtés et avec un compas à verges, parce que, dans ce cas, les côtés dépendant les uns des autres , la moindre erreur sur l'un se propage sur tous les suivants, tandis qu'ici il ne peut s'en commettre de grave , les côtés étant appuyés sur des carrés parfaitement égaux et immuablement déterminés.

Il faut bien se garder d'imiter les géomètres qui , pour se dispenser de chercher par les calculs les distances des sommets à la méridienne et à la perpendiculaire, tracent les carrés sur leur plan après qu'il est entièrement rapporté et vont même quelquefois jusqu'à en déduire la triangulation ; c'est une méthode très-fautive dans un plan de quelque étendue et que je conseille fort de ne jamais employer.

56. Ainsi donc, pour rapporter le plan de la figure 20, levé au graphomètre, il ne s'agit plus que de faire sur le papier ce que l'on a fait sur le terrain : c'est-à-dire de commencer par l'établissement des lignes de construction et de s'assurer qu'elles ferment avant de passer aux détails.

Supposant les points N O, M et R de la triangulation , placés comme il vient d'être dit , j'ouvre avec mon rapporteur , ou par l'autre méthode , l'angle T N O de 62° 40' et sur le rayon N T , je porte avec le compas, ou mieux avec mon échelle à biseau, 203^m. A ce point j'ouvre un angle de 72° pour un rayon de 145^m; puis à ce point , un angle de 102° 15' pour le rayon A B de 384^m + 21^m; et si j'ai bien opéré sur le terrain comme au rapport, cette longueur doit tomber sur le rayon même O M , et à 179^m 6 de ce point. S'il n'y avait qu'une légère différence , il faudrait la rectifier sur les lignes du rapport et non de la triangulation , celle-ci étant le réseau, le canevas dans lequel doivent s'encadrer fatalement toutes les opérations du levé. De B, ouvrant un angle de 76°, j'ai le rayon B C, puis ensuite les rayons C D et D R, point où je dois encore fermer forcément.

Rapportant de même les autres parties de mon plan, je dois arriver à deux ou trois mètres au plus du point de départ N, car le point pour point s'obtient rarement; et alors je répartis cette différence sur tous les angles et les côtés, progressivement et d'une manière presque insensible sur chacun d'eux.

Plaçant ensuite mes points d'arrêt sur mes lignes de construction, j'y élève les perpendiculaires indiquées au

croquis. Disons comment on simplifie cette opération : on
construit d'abord (fig. 53) une première perpendiculaire
C D avec soin , et, faisant glisser une équerre parallèlement à cette ligne , on trace sur les points d'arrêt celles
à droite et à gauche. Quand ces lignes sont courtes , on
peut les établir avec le rapporteur en superposant la ligne
90° sur la base du rapport ; à cet effet , j'en ai fait construire un (fig. 48) qui, avec une échelle , me dispense de
tracer les perpendiculaires sur mes lignes de foi : il me
suffit de superposer la ligne 90° sur la ligne E F, et d'arrêter le biseau de l'échelle au point d'arrêt ; puis, à la hauteur des perpendiculaires , de faire un point avec un piquoir, comme en *b, b, b,* et *c d* de 46ᵐ. Ce moyen, simple
et exact, est en même temps très-abréviatif.

Lorsque tous les angles de limites sont bien déterminés,
je passe au trait du tire-ligne les côtés du périmètre , je
ponctue, ou je passe au trait rouge , les lignes de construction, j'y inscris les cotes du croquis , et mon plan est
construit.

Si le plan de la forêt s'étendait davantage vers des
masses de bois qui n'eussent pas permis d'y relier la triangulation, et si ce plan , ainsi privé de moyens de rattachement, ne fermait pas bien, il faudrait retourner sur
les lieux , et par le levé des routes et chemins qui traversent le bois, ou , à défaut , par des lignes droites ou brisées ouvertes à travers ce bois, établir graphiquement ces
rattachements indispensables. C'est pourquoi l'on ne doit
pas abandonner les lieux sans avoir prévu ce cas et y avoir
pourvu en prenant tous les éléments nécessaires à la bonne
construction du plan au cabinet.

L'arpentage d'un bois de 20 à 30 hectares n'exige le
plus souvent ni triangulation ni rattachement; un plus

grand même ne l'exige qu'en raison de sa situation, de sa configuration et de ses difficultés; c'est au géomètre à juger de l'utilité ou de l'inutilité de ces opérations.

Tels sont, je crois, les moyens les plus rapides comme les plus exacts, de rapporter un plan levé au graphomètre.

Rapport des données de l'équerre.

57. La formation des plans levés à l'équerre est fort simple : établissez vos lignes de construction sous des angles droits ou de 45°; portez sur ces lignes, avec l'échelle à biseau ou autre, les longueurs cotées au croquis; élevez à ces points des perpendiculaires et déterminez ainsi tous les sommets des angles de votre polygone ; joignez tous ces sommets par un trait, votre plan sera construit.

Rapport des données de la boussole.

58. Lorsque la feuille du rapport est préparée comme il est dit au n° 55 pour les données du graphomètre, je tire sur cette feuille d'autres lignes parallèles obliquant avec les premières de la différence du nord vrai au nord magnétique, c'est-à-dire de l'angle alors connu de la déclinaison de l'aiguille aimantée, car c'est d'après ces parallèles que j'établis mes lignes de construction.

Cela posé, je place le bord C D de la règle-échelle T (fig. 54) de mon polygonomètre (*voir* le n° 60 pour les propriétés de cet instrument nouveau, qui va faire ici les fonctions de rapporteur) le long d'une parallèle au nord magnétique, et j'ajuste derrière la règle R R, après avoir toutefois ouvert l'alidade ou l'échelle S S au nombre de 347° 40' indiqués sur la flèche du rayon *a k* de mon croquis (fig. 26); je fais glisser l'instrument jusqu'à ce que le biseau de l'échelle affleure le point a que j'ai fixé pour mon départ, et traçant une indéfinie $a\,k$ le long dudit biseau, je donne à cette ligne la longueur 212 portée au croquis, en me servant de cette même échelle, si d'ailleurs c'est celle que j'ai adoptée.

Passant au rayon $a\,b$, j'ouvre mon rapporteur à 264° 30'. Je fais coïncider son biseau avec une autre parallèle, je l'adosse de nouveau contre la règle et j'amène son biseau en b; traçant le rayon $a\,b$, comme j'ai fait pour le rayon $a\,k$, je fixe sa longueur 237 par un autre point.

Ouvrant de nouveau l'instrument à 187° 20' pour le rayon $b\,c$, je l'amène de même jusqu'à ce que son biseau touche le point b, je trace le rayon $b\,c$ et j'en fixe la longueur comme précédemment.

Lorsque le polygonomètre ne peut s'étendre jusqu'aux points où la succession des lignes a porté le rapport, il faut rapprocher ou éloigner la règle de ces points, d'une parallèle ou deux.

Si, après avoir ainsi déterminé toutes les lignes de construction, la dernière arrive en déclinaison et en mesure sur le point K, l'opération est bonne; mais si la différence était de 5 ou 6 mètres, il faudrait retourner sur les lieux plutôt que de donner ce qu'on appelle le *coup de pouce*. Il faut se mettre en garde contre l'habitude trop tôt contractée de ce moyen.

59. A défaut de polygonomètre, on peut se servir du rapporteur ordinaire, quand son rayon est d'un décimètre environ, et quand son bord A B (fig. 55) est parallèle à la ligne zéro, et en même temps d'une certaine épaisseur, pour qu'il ne glisse pas sous la règle parallèle; mais alors

il faut avoir un parallélographe comme celui de la figure 56, dont la première règle D E , fixée sur le plan , permet à l'autre de glisser dans la coulisse C toujours parallèlement aux lignes du nord magnétique ; dans ce cas, le rapporteur étant adossé à cette règle , on l'amène avec elle , et quand on a mis son centre sur le point de départ du rapport, on pique un point au nombre de degrés correspondant à l'angle à former, et par une ligne tirée du centre à ce point, on a le rayon cherché. Donnez à ce rayon la longueur indiquée au croquis, et faites la même opération à ce point et aux suivants, vous fermerez votre polygone comme précédemment , bien qu'avec moins de célérité.

ÉVALUATION DES SURFACES SUR LES PLANS PAR LES MOYENS GRAPHIQUES ET LES MESURES DU TERRAIN.

Du polygonomètre.

60. Le besoin qu'ont éprouvé presque tous les géomètres-arpenteurs d'employer les procédés graphiques dans l'évaluation des surfaces sur les plans qui ne sont ni levés, ni cotés de manière à pouvoir être calculés par les mesures immédiates du terrain , a fait vivement désirer la simplification de ces mêmes procédés et la connaissance des moyens qui pouvaient en assurer l'exactitude et la célérité.

Déjà plusieurs géomètres s'étaient occupés de cet objet assez important avec plus ou moins de succès ; mais comme la plupart de leurs méthodes se bornaient à la conversion d'un polygone en un triangle équivalent, et qu'elles n'en pouvaient donner la surface immédiatement sans calcul ni compas, j'ai voulu suppléer à ce défaut en cherchant à réunir ces deux avantages en un seul instrument, et je crois y avoir réussi par l'invention du polygonomètre dont la figure 57 donne le plan.

Cet instrument a le double avantage de convertir un polygone de 1 à 25 hectares (échelle de 1 à 2,500) en un triangle équivalent et d'en donner de suite la surface à $\frac{1}{500}$ près, le tout en moins d'une minute, sans calcul ni compas, et sans tracer sur le papier d'autre ligne qu'un seul et léger trait au crayon. Il est aussi simple et aussi facile dans son usage, qu'il est exact et expéditif dans ses résultats.

Voici sa construction :

Il est composé d'une règle-échelle T, en cuivre ou en ivoire, d'environ 22 centimètres de longueur, 2 centimètres de largeur et 3 ou 4 millimètres d'épaisseur. Elle est taillée en biseau du point C comme centre au point D et offre la division, par mètre, de l'échelle de 1 à 2,500, depuis 0 jusqu'à 300.

La plaque d'assemblage Q est en cuivre et s'adapte à la règle T par des vis qui la traversent ; elle contient le centre C qui a 6 à 7 millimètres d'ouverture et qui est fixé, dans le fond à fleur du dessous, par un morceau de cristal percé de manière à y passer la pointe d'un piquoir seulement.

L'échelle S S, en ivoire, a 29 centimètres de longueur, 12 millimètres de largeur, et 3 ou 4 millimètres d'épaisseur. Comme la règle T, elle est taillée en biseau et offre la suite de la division de cette règle depuis 300 jusqu'à 700 mètres. En regard de chaque dizaine de sa division sont inscrites les surfaces de tous les triangles dont la hauteur est 300, et dont la base est d'un nombre rond de dizaines de mètres. Cette échelle est adaptée à la plaque

Q de manière que la ligne de son biseau corresponde constamment avec le centre C, d'où part sa division. Il en est de même de la division en regard sur la règle T.

Le cercle Z Z , en cuivre, sert à maintenir l'échelle S S assez fortement pour qu'elle agisse avec tout l'instrument sans se déranger ; mais la principale fonction de ce cercle, qui est divisé de degré en degré , et qui contient un vernier G, est de former les angles avec précision, et de faire avec non moins de célérité les rapports des plans levés à la boussole. Il a pour centre C, et son rayon est d'un décimètre environ. (*Voyez* au n° 58 pour son usage comme rapporteur.)

La règle R R , en bois, s'ajuste derrière pour maintenir et faire glisser son biseau toujours dans la direction du polygone à convertir. Cette règle contient , de dix en dix unités, les bases des triangles depuis 200 jusqu'à 700 , et indique en regard les contenances ou superficies de ces mêmes triangles qui ont pour hauteur 500 ou 700.

Usage du polygonomètre.

Soit le polygone X (fig. 57) à convertir en un triangle équi‑valent et dont on veut avoir la surface :

Je prends pour base de mon opération le côté E P ; j'applique sur cette ligne le bord C D de l'instrument (1); der-

---

(1) Il n'est pas convenable de choisir pour base le côté le plus long, parce que le triangle qui résulterait de la conversion , devenant trop obtusangle , ne pourrait, par un moyen graphique, être construit et calculé avec autant de précision qu'un triangle approchant de l'équilatéral. Il faut donc s'attacher à former des triangles dont les côtés ne soient pas trop inégaux. L'œil un peu attentif et exercé à cette opération s'y trompera rarement.

rière, j'ajuste la règle R R ; je le fais glisser le long de cette règle jusqu'à ce que son centre à jour C couvre le point E, je le maintiens dans cet état avec l'index de la main gauche, et j'appuie le pouce et les autres doigts de la même main sur la règle R R ; prenant alors l'échelle S S par le bouton V, j'amène son biseau sur l'angle I, et le faisant glisser de nouveau dans cette position jusqu'à ce que ce même biseau trouve le point O, j'opère la conversion des deux côtés E O et O I en un côté F I, et j'ai deux triangles E O I et E F I équivalents, comme ayant même hauteur et même base E I.

Du point F où se trouve le centre à jour C, j'amène l'échelle sur le point K et je retire l'instrument jusqu'à ce que le biseau arrive au point I, ce qui me donne la conversion de trois côtés en un. Je renouvelle cette opération jusqu'à l'angle B qui est le point le plus éloigné de la base, et quand j'ai trouvé le point A, que je marque avec un piquoir dans le centre à jour C, je trace légèrement et indéfiniment la ligne A B (1).

Ramenant l'échelle à 90°, je fais glisser l'instrument en descendant jusqu'à celui des points de l'échelle, 100, 200, 300, 400, 500, 600, 700, qui se trouve le plus près de l'angle B, rencontre la ligne A B en L, que j'indique avec un piquoir.

Ensuite faisant reculer le centre C à l'angle P, je convertis de la même manière les côtés P N, N M, M B et B L en un côté L Y ; et j'ai immédiatement l'aire du triangle équivalent A L Y en fermant le biseau de l'échelle sur

---

(1) Cette ligne est la seule dont le trait soit nécessaire à la conversion du polygone ; toutes les autres ne sont tracées ici que pour rendre l'opération plus facile à saisir.

l'angle A qui, déterminé par un point et se trouvant à la 697ᵉ division, donne, en doublant cette longueur, attendu que la hauteur est de 400ᵐ, 13 hectares 94 ares. Lorsque la base est de 300 et au-dessous, la surface du polygone se lit sur la règle-échelle T.

L'échelle ne donnant en regard de sa division que la contenance des triangles dont la hauteur est 300, la surface des autres s'obtient ainsi : un triangle qui a pour hauteur 100, a pour contenance la moitié de sa base ; c'est sa base entière si la hauteur est de 200 ; elle est doublée si la hauteur est de 400 ; la somme en regard est doublée quand la hauteur du triangle est de 600.

Ce calcul, qui n'est jamais que l'addition de deux petites sommes égales, peut toujours se faire de mémoire. La division de la règle R R donne, en regard des bases, la superficie des triangles qui ont pour hauteur 500 ou 700.

L'impossibilité de graver en regard de chaque division le produit de toutes les bases par les hauteurs de 300, 500 et 700, oblige à un second petit calcul qui consiste, pour les hauteurs de 300, à ajouter à la somme en regard des dizaines, la somme et la moitié des unités de l'échelle : ainsi, une base de 287 donne, pour 280 = 4,20 ; pour 7 unités, 0,10,50, et au résultat, 4,30,50, qui sont en effet la moitié du produit de 287 × 300. Il consiste, pour les hauteurs de 500 et 700, à multiplier le nombre des unités par 500 ou 700, et à prendre la moitié du résultat pour l'ajouter aussi à la somme en regard ; ainsi : une base de 387ᵐ donne pour 380 = 9,50 ; pour la moitié du produit de 7 unités par 500 = 0,17,50, et au résultat, 9,67,50, qui sont aussi la moitié du produit de 387 × 500. Ces petits calculs ne sont jamais que la multiplication de quelques unités par 5 ou par 7, dont la moitié du produit se joint à la somme en regard, et peuvent dès-lors se faire de mémoire.

Quoique l'usage de cet instrument paraisse au premier abord exiger beaucoup d'attention, on sera tout étonné, après avoir calculé deux ou trois polygones, de la simplicité de sa marche, de la facilité et de la promptitude avec lesquelles on en obtient de si bons résultats.

L'échelle de 1 à 2,500 tenant le milieu entre celles qu'on adopte le plus généralement dans la construction des plans, il faut, lorsqu'il s'agit d'avoir la surface d'un polygone construit,

A l'échelle de 1 à 5,000,
Multiplier par 4 le résultat du polygonomètre;
A l'échelle de 1 à 2,000,
Multiplier par 64 le résultat, fractions retranchées;
A l'échelle de 1 à 1,000,
Multiplier par 16 le résultat, fractions retranchées;
A l'échelle de 1 à 1,250,
Diviser par 4 le résultat du polygonomètre.

Lorsque la grande étendue d'un polygone fait supposer que les dimensions de son triangle équivalent surpasseront celles du polygonomètre, on divise ce polygone en plusieurs parties que l'on calcule séparément.

Le polygonomètre, renfermé dans sa boîte, se vend chez moi, à Cosne (Nièvre), au prix de 60 fr.

61. Pour mettre à même de comparer cette méthode de calculer les plans avec celles les plus usitées jusqu'à ce jour, je vais en développer quelques-unes.

La méthode la plus connue, et dont beaucoup de géomètres font encore usage, malgré sa lenteur et ses chances d'erreur, est celle qui consiste à tracer dans un polygone presque autant de triangles qu'il a de côtés, et à calculer séparément chacun de ces triangles en prenant ses dimensions à l'échelle et au compas.

Ainsi, soit le polygone A (fig. 58) de 10 côtés :

On le divise en 8 triangles auxquels on donne une lettre et un numéro d'ordre ; ceux qui ont une base commune sont calculés en une seule fois et ne portent ordinairement qu'une lettre pour deux, comme *b*, *c*. On obtient leurs dimensions en prenant la longueur du plus long côté du triangle *a*, qu'on inscrit comme au tableau tracé près du polygone. Passant aux deux triangles *b* qui ont une base commune, je porte au tableau la longueur de cette base et la somme des hauteurs comme deux facteurs à multiplier l'un par l'autre ; et ainsi de suite pour tous les autres triangles dont je prends pour bases les côtés qui paraissent à l'œil les plus longs.

Additionnant le produit des facteurs ainsi disposés, la moitié de leur somme exprime l'aire cherchée.

62. A ce procédé long, ennuyeux, peu exact, quelques géomètres ont substitué le réseau-calculateur qui consiste en une corne transparente divisée en carrés d'un are ou de 25 centiares, qu'on applique sur le polygone et qu'on évalue en comptant les carrés qu'il embrasse dans son périmètre. Ce procédé est très-prompt à la vérité, mais il ne donne qu'un à peu près.

63. Le plus exact, pour les calculs graphiques des surfaces, est sans contredit celui de la conversion en un triangle équivalent ; et bien que nous l'ayons développé à propos du polygonomètre, nous le donnerons de nouveau par le moyen de l'équerre-règle.

6

Soit la figure 59 :

Après avoir prolongé au crayon indéfiniment, de chaque bout, la ligne A G, je place l'hypothénuse de l'équerre de G en F, et appuyant derrière une règle quelconque, je fais glisser l'équerre tout le long jusqu'à ce qu'elle rencontre le point H ; alors plaçant la pointe d'un piquoir à l'intersection I qui fixe exactement la parallèle de G F, je fais comme pivoter l'équerre contre le piquoir, en la faisant tourner avec la règle jusqu'à l'angle D, et appuyant, comme précédemment, la main sur la règle, je fais glisser l'équerre sur le point F, et je place le piquoir en K. De là je passe aux côtés A B, B C, C D. Cela fait, j'ai le triangle équivalent K L D, dont je mesure à l'échelle la hauteur et la base.

Il existe quelques autres manières de calculer les surfaces ; mais comme elles me paraissent plus curieuses qu'utiles ou applicables, je me dispense de les développer.

64. Il me reste à indiquer la manière de trouver ces mêmes surfaces d'après les mesures immédiates du terrain, avec ou sans le secours des sinus naturels.

J'ai dit, au numéro 27, la manière d'obtenir l'aire du polygone Y avec les mesures inscrites au croquis, et l'on a vu que toutes les figures à calculer ne sont que des rectangles, des trapèzes et des triangles : d'où je suppose qu'on a la connaissance des formules à l'aide desquelles on peut en déterminer la surface ; toutefois, ayant omis la formule du triangle dont on connaît les trois côtés, je la donne ci-après :

Soit à déterminer la surface du triangle A B C, dont on connaît les trois côtés (fig. 60) :

(A B $=$ 130) $+$ (B C $=$ 175) $+$ (C A $=$ 179) $=$ $\frac{484}{2}$ $=$ 242.

Calculez la demi-somme des 3 côtés ; retranchez-en successivement ces 3 côtés ; la racine carrée du produit de cette demi-somme et des trois restes exprimera la surface du triangle proposé.

Ainsi, log. de la demi-somme, 242 $=$ 2,38382
log. du 1er reste, 112 $=$ 2,04922
log. du 2e reste, 63 $=$ 1,79934
log. du 3e reste, 67 $=$ 1,82607

Somme, 8,05845
Moitié, 4,02922

Cherchant à quel nombre appartient ce logarithme, on trouve 10700, ou 1 hect. 07 ares 00 centiare.

65. *Soit à trouver l'aire du polygone a b c d e* (fig. 61), *dont on connaît les angles et les côtés :*

Je cherche le sinus naturel de l'angle B A E (*voyez le* n° 31 et la table à la fin de l'ouvrage), c'est-à-dire la longueur de la ligne E K perpendiculaire au côté A B ; je trouve 82,9 que je multiplie par A E de 240, et j'ai 199 pour le sinus E K. Trouvant de même le co-sinus A K, je les inscris tous deux et je puis calculer le triangle rectangle E K A.

Ensuite, déterminant les sinus et co-sinus C H et H B de l'angle C B H, puis D G et G C par le côté D C et l'angle B C D, d'où j'ai déduit le droit G C H et l'aigu B C H, je puis, par le prolongement du sinus D G en I, prolonge-

ment égal à C H, calculer l'aire demandée ; car le côté I K
s'obtient par la déduction des distances déterminées A K
et I B du grand côté A B ; mais, pour m'assurer de l'exactitude de mon opération , je cherche le sinus E F par E D
et par l'angle E D I ; s'il est trouvé égal au côté I K, l'opération est bonne.

66. On arrive au même résultat par un autre procédé
qui consiste à inscrire le polygone à calculer dans un rectangle d'où l'on déduit les parties vides obtenues par la
méthode suivante :

Soit la figure 62 inscrite dans le rectangle A B C D :

Par la connaissance du côté $b c$ et de l'angle $a b c$ dont
C $b c$ est le supplément, trouvez b C et C c ; trouvez de même
I c et I d par $d c$ et l'angle I cd déduit des angles connus
$d c$ B et $b c$ C ; vous aurez H B $= d$ I, comme côté opposé
d'un même rectangle. Ensuite , par H $d c$ trouvez H e et
H *d,* pour avoir aussi B I qui lui est égal. L'angle $d e f$ formant avec l'angle H $e d$ 90°, le côté $e f$ est perpendiculaire
à la ligne A B du grand rectangle ; alors vous déterminez
$g f$ et $f k$ par $g k f$ et par $g k$; ôtez $f k$ de $e k$, vous aurez
$e f = g$ G. Trouvez encore g F et F h par F $g h$ et par $g h$,
vous aurez F $g = $ A G. De la même manière, cherchez h E
et i E , vous aurez D $a = i$ E et D E $= i a$. Tout vous sera
connu ; et pour savoir si vous avez bien opéré sur le terrain comme dans ces calculs, voyez si A B $= $ D C, et si
B C $=$ A D. Si la différence n'est que d'un mètre ou deux,
tenez votre opération pour suffisante.

Calculant alors la surface des diverses figures *négatives,*
je la soustrais de la surface totale du grand rectangle
A B C D , le reste exprime l'aire du polygone proposé.

67. Ces méthodes offrent une exactitude rigoureuse, parce qu'elles sont fondées sur des calculs dont la certitude est invariable ; mais comme elles exigent beaucoup plus de temps que les procédés graphiques, il importe, lorsqu'on a un grand nombre de plans à calculer, de choisir celles de ces méthodes qui, en donnant presque la même exactitude, ont l'avantage d'économiser le temps ; et telles sont les propriétés du polygonomètre.

Quelle que soit, du reste, la méthode qu'on adopte, il est toujours utile de s'assurer si la somme des contenances partielles d'une masse est égale à très-peu près à la contenance totale de cette même masse calculée séparément comme une seule parcelle ; et pour cela il faut évaluer la surface des carrés que forment les méridiennes et les perpendiculaires du plan.

Soit, par exemple, la figure 63 :

Formez d'abord un tableau pour inscrire la contenance des carrés pleins et des parties de carrés qu'embrassent les feuilles de la masse à calculer ; puis procédez à ces calculs d'après les méthodes précédemment indiquées.

Lorsque la partie *positive* d'un carré, comme B 3, etc., est beaucoup plus grande que la partie *négative*, calculez cette dernière et soustrayez-la de 25 hectares, si vos carrés sont de 500$^\text{m}$ de côtés, le reste exprimera la contenance *positive*.

Les figures qui résultent de la conversion des lignes périmétrales sont toujours des triangles rectangles ou des trapézoïdes, comme A 1, A 2, etc., et offrent dès-lors moins de chances d'erreur dans leur évaluation.

LETTRES et N^{os} D'ORDRE du plan.	CONTENANCES par carré.		OBSERVATIONS.		
	h	a	c		
A 1	9	15	25	La contenance des carrés	
2	16	07	80	étant de. . . . . 219 h 23 a 30 c	
3	18	21	15	Celle des coupes de . . . 219 20 »	
4	7	01	»		
B 1	11	81	10	La différence est de. . . » 03 30	
2	25	»	»		
3	24	10	»		
4	6	90	50		
C 1	7	45	90		
2	25	02	10		
3	20	08	»		
4	1	10	45		
D 1	18	90	»		
2	12	38	90		
3	12	91	15		
4	3	10	»		
Total....	219	23	30		

La différence de 3 arcs 30 centiares est des plus légères et peut faire considérer le plan comme bien calculé par les deux méthodes ; mais si la différence était de plus d'un are par dix hectares, il faudrait revoir les calculs et, en cas de reproduction des mêmes résultats, donner la préférence à celui des carrés, et répartir sur chacune des coupes, et proportionnellement à leur superficie, la différence trouvée.

Cependant, si toutes vos coupes avaient été calculées par les mesures mêmes du levé, c'est-à-dire non graphiquement, comme ce moyen est le plus précis, il faudrait y subordonner l'autre, sûr que la cause de la différence est en lui, et dès-lors l'y trouver pour ne laisser rien de louche ni d'incertain dans l'opération.

ASSIETTE ET RÉARPENTAGE DES COUPES.

Assiette.

68. D'une masse de bois T (fig. 64) distraire, par une division ik, une quantité de 10 hectares, dans une situation déterminée.

Levez le périmètre A B C D E F G H d'après les procédés des n°s 26 et 29 ; quand vous croirez avoir embrassé à peu près une étendue de dix hectares, rapportez le plan de ce périmètre sur le terrain même au moyen d'une petite tablette dont il faut avoir soin de se munir en pareil cas, ainsi que d'un rapporteur et d'une échelle ; formez au crayon, sur votre plan rapporté, la division provisoire gh, donnant à l'œil dix hectares ; calculez l'aire du polygone, en défalquant les parties négatives (n° 27) ; si elle n'est pas de dix hectares, divisez ce qui lui manque par la longueur de la ligne hl que vous prenez à l'échelle sur votre plan, le quotient vous donnera la mesure à ajouter pour parfaire les dix hectares ; portez cette mesure de g en f et de h en i, perpendiculairement à la ligne hl ; tirez la ligne fi, et prenez avec votre rapporteur l'angle Gfi et ensuite la longueur exacte de Hf ; appliquant ces mesures au terrain en ouvrant du point f l'angle Gfi, vous aurez la direction fi ; faites ouvrir cette ligne par vos ouvriers en jalonnant avec soin ; arrivé en i, rattachez ce point en A ; prenez l'angle Bif et voyez si vos angles ferment, votre distraction sera faite.

L'impossibilité de faire sur le terrain le rapport exact

d'un plan , peut être cause que la contenance de la coupe soit un peu plus forte ou plus faible que celle voulue ; mais c'est un très-léger inconvénient , parce que le plan définitif, fait de nouveau au cabinet , rectifie l'erreur commise et donne la coupe pour la contenance qu'elle a réellement et non pour celle qu'on a voulu lui donner ; du reste , la différence doit être à peine d'un cinquantième , si l'on a opéré avec soin.

69. Lorsqu'on n'est pas muni, sur le terrain, des choses nécessaires au rapport du plan , et qu'il faut cependant asseoir une coupe d'une contenance donnée, l'opération est plus difficile et surtout beaucoup plus longue.

Soit la coupe Z à asseoir sans former de plan sur le terrain.
(Fig. 65.)

Après avoir, comme précédemment, levé le périmètre A B E G H , et supposé une droite H A pouvant faire vos dix hectares , tracez sur votre croquis visuel le grand trapèze H $r\,q\,p$ dans le prolongement de la ligne de construction H G ; cherchez les dimensions de ce trapèze par les procédés des nᵒˢ 65 , 66 , puis ensuite l'aire du rectangle inscrit P $q\,r\,n$; puis encore l'aire du triangle rectangle A n H dont les côtés se déduisent ainsi : H $n =$ H $r - p\,q$, A $n = q\,r - p$ A. La somme de ces deux aires , moins l'aire des parties négatives , sera l'aire du polygone arpenté et coupé en A H.

Si elle est de plus de dix hectares , pour la réduire à sa contenance , faites cette opération :

$\sqrt{\mathrm{H}\,n^2 + \mathrm{A}\,n^2} = \mathrm{H}\,\mathrm{A}$; divisez l'excédant de vos dix hectares par H A , le quotient exprimera la largeur perpendiculaire de cet excédant ; mais avant de le porter de H vers *f*, il faut trouver l'angle A H G sous lequel vous devez ouvrir votre ligne de division. A cet effet, vous avez le triangle rectangle A *n* H ; au complément arithmétique de la somme des deux côtés joignez le logarithme de leur différence, le total exprimera le log. tangente de la différence des deux angles aigus; cherchez dans les tables (il est toujours plus utile, dans ce cas, d'en avoir avec soi), à quel nombre de degrés ce logarithme répond, et ajoutez 45° à ce nombre, vous aurez l'angle cherché.

Alors ouvrez de H l'angle G H A, élevez sur cette ligne une perpendiculaire H O = à la largeur de votre excédant, puis, par une autre perpendiculaire *o f*, fixez *f* sur la ligne H G ; de ce point ouvrez l'angle une seconde fois, la direction *f h*, parallèle à H A, sera la ligne à ouvrir ; arrivé en *h*, rattachez ce point en A ou en A', prenez l'angle A' *h f*; s'il ferme votre polygone, l'opération est bien faite.

Si H était le point désigné d'où dût partir fatalement la ligne de division, il faudrait calculer sur P *r*, double de H *o*, l'angle *v* H G, au lieu de l'angle G H A. On l'obtiendrait par le même procédé, après avoir coté les longueurs P *v* et *v q*.

Les côtés H *n* et A *n* étant connus, il n'est pas absolument nécessaire de connaître l'angle G H A pour trouver graphiquement la direction H A ; car, s'il est possible de reculer de 50 à 60ᵐ en *x*, dites :

$$\text{A } n : \text{H } n : : \text{A } x : x\, y.$$

Mesurez 60ᵐ sur une perpendiculaire *n x*, puis une autre = *x y*, la ligne *y* H continuée tombera sur A ou à très-peu près.

Ne peut-on pas reculer en x? Ouvrez la perpendiculaire $n\,t = 60^m$ et dites :

$$\mathrm{A}\,n : \mathrm{H}\,n :: \mathrm{A}\,t : t\,m.$$

Fixez m par une perpendiculaire, l'alignement H m ira sur A.

Il en serait à peu près de même de la ligne H v. A cet effet, élevez la perpendiculaire H k (fig. 66) et dites :

$$\mathrm{P}\,n : p\,v + \mathrm{H}\,n :: \mathrm{H}\,k : k\,i.$$

Sur H k élevez la perpendiculaire $= k\,i$, la ligne continuée i H sera la direction cherchée.

Ou bien, ouvrez H $s = $ H k perpendiculaire à H G, puis $s\,u = k\,i$, la ligne H u se dirigera sur v.

Dans cette opération il faut s'assurer si la partie négative, comprise dans le triangle rectangle P H v, égale à très-peu près les parties négatives comprises entre les parallèles H P et $f\,h'$, qui ne comptent pas dans l'excédant ; et, dans le cas où il n'y aurait pas égalité approchée, étendre ou accourcir P v en conséquence.

Bien que ces opérations n'offrent pas de difficultés réelles, il faut y être bien exercé pour ne pas commettre d'erreur ; avec l'habitude du levé et du rapport des plans, il faut encore celle des calculs logarithmiques pour déterminer les côtés du rectangle ou du trapèze dans lequel on enferme son polygone ; mais alors, quand l'habitude en est acquise, cette manière d'opérer est de la plus grande exactitude ; et quoique la plupart des géomètres-forestiers, chargés jusqu'ici de l'assiette des coupes, emploient les procédés purement graphiques comme plus expéditifs, il est bon néanmoins de se familiariser avec les premiers.

70. Le cas le plus compliqué dans l'assiette des coupes est celui où, sur une étendue donnée, il faut asseoir plu-

sieurs lots dans une situation et d'une contenance aussi données. En plein bois et sur une base à peu près régulière, rien de plus facile; mais dans un bois, comme ils sont presque tous, d'une configuration très-sinueuse et accidentée, la chose exige du soin et de l'attention, soit qu'on opère par l'une ou l'autre des méthodes ci-dessus.

Soit à asseoir (fig. 67) une coupe de 26 hectares en cinq lots égaux, au nord de la base A B C D donnée, dont le premier à l'est de cette base, contre la coupe en usance pour 1840; le deuxième au nord du premier; le troisième à l'ouest du deuxième; le quatrième au sud du troisième et contre la même coupe en usance; et le cinquième à l'ouest des troisième et quatrième, tenant également à 1840, et contre le périmètre A F.

Après avoir levé une certaine partie du chemin périmétral A F, et la base A B C D, rapportez cette partie de plan comme aux nᵒˢ 56, 58; tirez au crayon et indéfiniment la ligne D E, perpendiculaire sur C D; de F tirez F E parallèle à C D; calculez l'aire de ce polygone; s'il a plus ou moins de 26 hectares, déplacez F E parallèlement jusqu'à ce que vous les ayez exactement. Ensuite, divisez la somme des quatre premiers lots par la longueur D E $= 440^{\text{m}}$; vos lots étant de 5 hectares 20 ares l'un, vous aurez :

$$\frac{20^{\text{h}}\ 80^{\text{a}}}{440^{\text{m}}} = 473^{\text{m}}.$$

Appliquez ces longueurs au terrain, c'est-à-dire ouvrez la ligne D E $= 440^{\text{m}}$, en fixant un piquet à sa moitié K pour la division des premier et deuxième lots; de E ouvrez E F à angle droit sur D E; plantez un piquet en L, moitié du quotient obtenu, 473^{m}, puis un autre en H pour désigner la séparation des troisième et cinquième lots; continuez en F, et si vous n'arrivez qu'à deux ou trois mètres au plus, en longueur ou en largeur, de la distance que vous trouvez pour A F sur le plan provisoire que vous avez formé, votre opération est suffisamment bonne et vous pouvez procéder à la division des lots d'après les piquets plantés. Ce ne serait que dans le cas où vous auriez une différence de huit à dix mètres, qu'il faudrait voir si elle vous donne plus ou moins du vingtième de la contenance cherchée, parce que c'est la tolérance accordée pour les opérations d'assiette ; mais avec un peu de soin on s'épargne ce désagrément, et c'en est un véritable que de recommencer l'ouverture d'une ligne souvent fort longue.

Donc, supposant votre assiette exacte, de H ouvrez la perpendiculaire H G ; plantez un piquet à sa moitié I, puis un autre au point G sur la ligne C D ; mesurez G C ; retournez en I, ouvrez sur G H la perpendiculaire I K, vous devez arriver sur le piquet planté en K ; allez en L, ouvrez de même L O, vous devez couper I K à sa moitié ; arrivé en O, mesurez O D ou O G, cotez vos mesures et voyez si elles concordent à très-peu près ; votre opération sera terminée sur le terrain, si, d'ailleurs, vous avez marqué avec soin les parois et pieds-corniers d'usage.

Quel que soit le soin qu'on apporte à la formation des angles droits, il est assez rare d'obtenir des parallèles et des perpendiculaires exactes, même sur un terrain plat, à plus forte raison quand il est accidenté. Aussi, quand on n'a que de légères différences, il faut s'en contenter.

Rentré chez soi, on rapporte de nouveau le plan de la coupe d'après les mesures obtenues, et l'on donne les contenances des lots pour ce qu'elles sont réellement et non pour celles qu'on a voulu donner.

71. Cette assiette est simple ; en voici une qui l'est moins.

Soit la figure 68 restant d'une masse de bois à diviser en quatre lots de 6 , de 5 , de 5,60 et de 7 hectares : le premier à l'ouest de la coupe en usance pour 1844, le deuxième au sud du premier , le troisième à l'est du deuxième , et le quatrième au nord du troisième et à l'est du premier.

Levez le polygone A B C D E F I K L M N avec d'autant plus de soin que la limite est plus sinueuse et le terrain plus accidenté. Formez votre plan de même et faites vos efforts pour fermer en angles et en côtés.

Si, d'après l'état d'assiette approuvé , votre étendue de 23 hectares 60 ares, en cas d'insuffisance dans le bois restant , ne doit pas se compléter par un supplément pris dans un autre bois de l'aménagement ou dans la partie la plus âgée du même bois , il faut ou diminuer chacun des lots dans la proportion de ce qui manque , ou faire porter la différence sur un seul lot , selon, d'ailleurs, les instructions que vous avez reçues à cet égard , ou selon ce que vous croirez le plus sage ; mais ici on admet que le complément du quatrième lot sera pris dans un autre bois (fig. 69).

En conséquence , divisez, à l'œil d'abord, le polygone de votre plan en quatre lots situés à peu près comme ceux que vous devez asseoir , soit par les lignes provisoires, M E , p K et o B.

Cherchez l'aire de chaque lot séparément : admettant que le premier soit trop petit, et la somme des deuxième et troisième trop grande, restreignez ceux-ci ; et à cet effet, divisez l'excédant par la longueur M E ; doublez le quotient et portez-le en v F perpendiculaire à M E, la ligne M F sera celle à ouvrir. Voyez si la perpendiculaire p K doit être déplacée, et cotez la distance M p où elle doit être élevée.

Ajoutez ensuite le triangle M o h à l'aire du premier lot, et si cela ne suffit pas, divisez ce qui manque par la longueur *h* B, le quotient exprimera la largeur à donner en *h g*, pour avoir la ligne *g* C, à ouvrir comme séparative du premier lot et de la première partie du quatrième.

Cherchez l'aire de cette partie et complétez la surface de ce lot par une autre opération d'assiette dans le bois désigné à cet effet, comme à la figure 69, et vous aurez tous les éléments nécessaires pour construire de nouveau et définitivement votre plan au cabinet.

Dans ces formations de plans, n'allez pas du petit au grand, c'est-à-dire ne rapportez pas vos lots un à un, séparément ; mais construisez au contraire votre masse totale en vous servant des lignes ouvertes comme moyens de vérification, et faites tout cadrer et tout concorder avant de passer au calcul des surfaces.

En cotant exactement vos lignes de construction et vos angles, vous pouvez obtenir par les sinus naturels, ou en enfermant votre polygone dans un rectangle ou un trapèze, les surfaces partielles ou totales ; mais, je le répète, ce moyen, bien que très-exact, est si long et offre tant de chances d'erreur que, lorsqu'on ne veut pas une précision rigoureuse, il y a toutes sortes d'avantages à n'employer que les moyens purement graphiques.

72. *Sur une ligne tracée A D (fig. 70) asseoir, sans faire de plan sur le terrain, une coupe donnée, et de manière qu'un des côtés ne s'étende pas au-delà de B.*

Cette opération est fort simple : mesurez l'angle B A D ; chaînez A B et formez sur votre croquis le triangle rectangle A *f* B, vous trouverez facilement la longueur des côtés A *f* et B *f* par la table des sinus ; calculez l'aire de ce

triangle ; soustrayez-la de la contenance à asseoir et divisez le reste par la longueur B f, le quotient exprimera la
longueur B g ; ouvrez de B l'angle A B g, supplément de
l'angle B A D , vous aurez la direction de la ligne à ouvrir
B g ; faites ouvrir cette ligne ; élevez au bout la perpendiculaire g e, vous devez trouver cette ligne $=$ B f, et e f $=$
g B , si vous avez bien opéré.

Si vous teniez à donner la forme d'un triangle à la coupe,
divisez votre contenance donnée par f B , vous aurez, en
doublant le quotient, le côté A i, et par conséquent un
triangle B A i dont vous connaissez un angle et les côtés
compris. Si vous avez en poche des tables de logarithmes,
cherchez l'angle A B i que vous ouvrirez en B , vous aurez
la direction B i.

Autrement, avec l'équerre seulement.

Elevez sur A D, si cela se peut sans obstacle, une perpendiculaire A h que vous mesurez jusqu'à la perpendiculaire h B que vous mesurez aussi ; calculez l'aire du triangle
rectangle A h B et ajoutez-la à la contenance à asseoir ;
divisez le tout par la longueur A h , le quotient exprimera
la longueur h g $=$ A e. Opérez ensuite comme au premier
procédé du n° 72, le résultat sera le même.

73. Sans faire de plan sur le terrain (fig. 71), ouvrir la
ligne C D de borne à borne, pour l'assiette d'une coupe
ainsi limitée.

Si le terrain le permet, mesurez A f sur l'alignement B A
et jusqu'à la perpendiculaire f D que vous mesurez aussi en
levant les sinuosités du périmètre. Si, au contraire , le terrain est couvert , levez ce périmètre en le contournant,

et cherchez par les angles et les côtés les longueurs A f et f D.

Mesurez la ligne A B, supposée droite et jalonnée, cherchez B e et jalonnez la perpendiculaire e C, que vous trouvez comme précédemment; cela fait, ôtez e C de f D, vous aurez i D, et par conséquent :

$$C\,i = e\,f : i\,\mathrm{D} = f\,\mathrm{D} - e\,\mathrm{C} :: \mathrm{C}\,g : g\,h.$$

En supposant ce terme de 50 ou 60$^\mathrm{m}$, cela suffit pour assurer la direction C D.

Ouvrez C g perpendiculaire à $e\,c$, et $g\,h$ perpendiculaire à g C, l'alignement C h vous conduira sur D.

S'il est possible de reculer en K, cela épargne la peine d'ouvrir C g; alors placez i, la ligne i C continuée aboutit de même en D.

74. *Soit le bois* (fig. 72) *âgé d'un an ou deux, à partager en deux parties égales, chacune donnant sur la rivière R R.*

Après avoir embrassé d'un coup-d'œil l'étendue approximative du bois à partager, prenez pour base une ligne qui le coupe à peu près en deux parties égales, soit la ligne A B; levez le bois sur cette base, et, après calcul, si E est de 82 ares et F de 70 ares, reportez la ligne A B de 6 ares dans la partie E; si cette ligne est de 150$^\mathrm{m}$, elle remontera de 4 mètres à chaque bout, c'est-à-dire de B en d et de A en c.

Veut-on ne déplacer qu'une des extrémités de la base A B? Reportez-la de 8 mètres à l'une de ses extrémités, au lieu de 4 mètres; le résultat sera le même.

75. Cette division est très-simple, parce qu'on a pu pénétrer sans obstacle dans l'intérieur du bois; mais si ce

bois était âgé de plus de trois ans et qu'on voulût cependan tle partager, sans faire de plan sur les lieux, l'opération serait plus compliquée.

Par exemple, la figure 73, inaccessible à l'intérieur, sans ouverture de lignes, est à partager en trois parties inégales, l'une de 4/7es, l'autre de 2/7es, et la dernière de 1/7e de la totalité du bois.

Je suppose que le contour de ce bois est dégagé de manière à pouvoir faire usage de l'équerre; car autrement l'opération rentrerait dans la catégorie des n°s 70 et 71.

Fixé sur la division à faire et sachant qu'elle est prescrite dans la longueur de la propriété, je tâche de prendre ma première ligne de construction ou le premier côté du rectangle dans lequel je veux enfermer le bois, dans un sens à peu près parallèle aux lignes de la division prescrite, soit la ligne A B : quand j'ai mesuré cette ligne, j'élève B C en perpendiculaire tangentielle avec la rive du bois; approximant la longueur de cette ligne, je m'arrête au hasard à un peu plus de moitié, comme en e, pour la part provisoire du lot des 4/7es que l'on veut au sud du bois, et j'y plante un piquet. Ensuite, pour les 2/7es, je m'arrête en f où je plante un autre piquet; je continue jusqu'à ce que la nouvelle perpendiculaire C D fasse, autant que possible, tangente avec le bord extérieur du bois; je mesure C D comme les autres en levant le périmètre, et, arrivé en D, j'élève une autre perpendiculaire D K que je mesure de même en faisant Dg = Cf, g h = $f$$e$; en K, où je m'arrête quand je suis dans le prolongement de B A, je compte si D K = B C, et si K A + A B = D C; si j'ai bien opéré, je dois fermer à très-peu de chose près; alors, calculant mon grand rectangle K B C D, d'où je soustrais les parties négatives ou vides, j'ai la surface de mon polygone.

Supposons cette surface de 3 hectares ; je les divise par le dénominateur 7 qui me donne au quotient 43 ares moins une fraction ; multipliant chaque numérateur par ce nombre 43, j'ai pour les trois parts : $1^{re} = 1$ h. 71 ar. 43 c.; $2^e = 0$ h. 85 ar. 71 c.; $3^e = 0$ h. 42 ar. 86 c.; mais, comme d'après le calcul que j'en fais séparément sur les données de ma division approximative, la 1re est de 1 h. 89 ar., la 2e de 75 ar. et la 3e de 36 ares, je remonte alors vers A B, et de la quantité de 6 ar. 86 c., la ligne $g f = $ D $c - g i - f k$, et je la fixe à cette position. Je déplace également vers A B, et de la quantité de 17 ar. 57 c. la ligne $h e = $ K B ; et par ces divisions successives mon opération est terminée ; il ne reste plus qu'à ouvrir les laies divisoires ; on y procède par des perpendiculaires exactement élevées sur K D ou B C.

S'il s'agissait d'une division plus compliquée, d'un aménagement enfin, on en viendrait également à bout par ce moyen ; mais, comme il est un peu long, il serait plus commode de lever le plan et de faire sa division au cabinet (*voir* le n° 84).

Réarpentage.

76. Le réarpentage serait une opération inutile si tous les bois étaient régulièrement aménagés et divisés en coupes bien déterminées dans leurs contenances et dans leurs limites ; mais la lenteur avec laquelle on procède aux aménagements, doit faire présumer que ce n'est pas de longtemps que le réarpentage puisse être entièrement supprimé ; aussi, l'idée de vendre les coupes sans garantie de contenance, n'a-t-elle pu se soutenir devant les abus graves auxquels cette mesure aurait pu donner lieu dans les bois

non encore aménagés et dans lesquels l'opération d'assiette est indispensable.

Mais, bien que le réarpentage, dans ce cas, soit utile, nous pensons qu'il pourrait se borner à une vérification pure et simple, par des lignes transversales qu'on appliquerait immédiatement au plan sur les lieux mêmes; ce ne serait qu'exceptionnellement, et lorsqu'il y aurait erreur notable ou changement dans la configuration périmétrale, qu'un nouvel arpentage et un nouveau plan pourraient être à faire.

Il est donc à désirer que ces opérations soient incessamment modifiées et simplifiées dans ce sens. En attendant, donnons, pour les deux cas, la manière la plus expéditive d'y procéder.

77. *Soit à vérifier la coupe* (fig. 74).

Muni du plan d'arpentage de cette coupe, si je suis en A, j'établis au hasard, sur l'angle D, une ligne A *i* que je chaîne exactement; après le rattachement *i* D, je mesure *i* C, où j'imagine la transversale C *h* coupant à peu près la coupe en deux parties égales, je la mesure et me rattache en E ou mieux en F; appliquant ces mesures au plan d'assiette au moyen d'une échelle à biseau dont je suis porteur, si elles concordent, la présomption de la bonne construction du plan est établie, et il ne me reste plus qu'à en vérifier la contenance, soit graphiquement, soit par le moyen des cotes d'arpentage que je dois lire sur le plan même, et si je trouve une différence qui dépasse le centième de la contenance, je la constate puisque, pouvant considérer le plan comme bien construit, je dois n'attri-

buer cette différence qu'à une erreur de calcul dans ce
même plan d'assiette.

Cette opération n'est pas des plus rigoureuses ; mais on
peut lui donner un plus haut degré d'exactitude si, après
avoir observé seulement un des angles et rattaché ce point
relativement aux deux lignes, on rapporte ces deux lignes
en y subordonnant toutes les parties du périmètre de la
coupe ; et quand ces parties s'y encadrent bien, on peut
être à peu près certain que la différence de contenance pro-
vient d'une erreur de calcul au plan d'arpentage. Toutefois, lorsqu'il s'agit d'un *plus* ou *moins* de mesure qui peut
donner lieu à répétition de la part de l'administration ou
de l'adjudicataire, dans ce cas, assez rare du reste, il est
prudent de lever exactement le plan des lieux, afin de ne
pas constater légèrement des différences qui peuvent bien
ne pas exister.

78. *Soit à vérifier une autre coupe divisée en cinq lots
contigus* (fig. 69).

Sur l'un des lots, assemblez d'abord les quatre autres
approximativement ; reconnaissez ensuite sur le terrain le
périmètre et les arbres de limites de chacun d'eux, vous
remarquerez que la limite a varié d'A en B et de B en C,
et que dès-lors il devient nécessaire d'en faire le levé
exact ; la ligne A C ayant servi à cet effet, de C dirigez une
ligne vers l'angle D, cotez P en passant ; arrivé en K, rat-
tachez-vous en D, mesurez K E et suivez cet alignement en
H en cotant E I ; chaînez H F, puis H O et O A, votre opération matérielle sera terminée Si vous êtes en lieu convenable pour assembler rigoureusement vos cinq lots en
un seul plan, procédez-y, et appliquez ensuite vos mesures

de vérification ; si elles concordent , vous pouvez croire que le plan d'assiette est bon ; si ensuite vous ne trouvez point d'erreur dans le calcul des surfaces , il ne vous restera plus qu'à former le plan des lots 3 et 4 à cause du déplacement de leurs limites.

79. Tenez-vous à une vérification plus complète ? Sur le terrain , observez les quatre angles A C K H , levez les périmètres F E et C R D K , vous aurez tous les éléments nécessaires à la construction de toute la coupe et des cinq lots ; faites alors graphiquement vos calculs de surfaces, et comparez-les à celles de l'arpentage ; puis , en cas de différences notables, déduisez les angles de vos cinq lots des quatre angles observés ; calculez chaque lot séparément par la table des sinus naturels, vous obtiendrez des résultats aussi rigoureux que possible.

L'expérience nous ayant démontré que cette manière de procéder aux vérifications des coupes est suffisante , nous croyons inutile d'en conseiller une plus rigoureuse puisque , jusqu'aujourd'hui du moins, les soins généralement donnés aux opérations d'assiette, en garantissent l'exactitude et peuvent simplifier le travail du vérificateur, quand d'ailleurs celui-ci a levé lui-même beaucoup de plans ; car, quelque théorie qu'on possède , elle est d'un secours bien incomplet , sans une assez longue application.

Aménagements.

80. La science des aménagements est composée de deux parties essentiellement distinctes : l'une économique, l'autre géodésique , c'est-à-dire conjecturale et positive. En effet, en économie forestière, presque toutes les méthodes sont controversables et n'ont aucun principe fixe sur lequel

on puisse s'étayer à coup sûr, tandis que, en géodésie, tout repose sur des principes mathématiques dont la certitude est invariable ; néanmoins, ces deux parties, appliquées aux aménagements, se prêtent un mutuel secours et sont comme indispensables l'une à l'autre.

Je me bornerai, quant à la partie économique, à rapporter ce qu'en dit *Cotta*, ce prince de la science forestière, comme résumé d'une opinion qui doit faire autorité, et que je trouve en parfait accord avec mes idées. Je cite :

« 1° Il n'existe pas de règle, dit Cotta, d'une application générale pour l'estimation des bois ; le mode d'y procéder doit être approprié aux localités et au but qu'on se propose.

» 2° La méthode la plus simple est toujours la meilleure.

» 3° Nul ne peut déterminer d'une manière rigoureuse et certaine, le véritable produit en matière d'une forêt.

» 4° L'aménagement est ordinairement bien plus important sous le rapport du rétablissement de l'ordre et du réglement des exploitations, que sous celui de la détermination de ses produits.

» 5° L'aménagement des forêts domaniales doit être fait autant en vue de l'intérêt public que de l'intérêt forestier.

» 6° On doit, sans doute, déterminer le plan d'exploitation et la possibilité d'une forêt pour un grand nombre d'années ; mais comme ni l'un ni l'autre ne peut être fixé d'une manière immuable, il faut se réserver les moyens de faire en tous temps, les changements nécessaires, sans renverser entièrement le travail existant, attendu que le dommage d'une perturbation complète est toujours certain, tandis que l'avantage est souvent problématique. »

81. Si l'on était bien pénétré de ces principes . qui ont

l'approbation de tous les hommes d'expérience, les forêts y gagneraient peut-être en ce sens que la théorie *conjecturale* serait souvent délaissée pour la théorie *positive*; mais nous sommes à une époque d'innovations forestières qui doivent avoir leur durée, et ce ne sera sans doute qu'après de longs et laborieux essais, qu'on arrivera au simple et à l'utile.

82. En attendant, disons la part que le géomètre forestier doit prendre aux aménagements ; c'est quand l'administration promet de donner une impulsion plus rapide à ces opérations, qu'il est opportun de présenter quelques règles sur leurs moyens d'exécution.

Pour faciliter la reconnaissance de la forêt à aménager, sa description, sa classification, et enfin la formation du projet d'assiette des coupes, le géomètre, qui coopère à ce travail avec les agents forestiers, doit fournir un plan des lieux, formé avec les plans partiels des coupes exploitées depuis une révolution, puis compléter ce plan par les éléments statistiques qu'il recueille lui-même sur le terrain, et de manière que ce travail, bien qu'approximatif sous le rapport géodésique, présente néanmoins à leur place les parties du bois qui diffèrent de sol, d'essence, d'âge et de peuplement, les routes, chemins, ruisseaux, accidents de terrain, et tout ce qui peut servir de limites naturelles aux divisions des séries à établir ; enfin il doit être assez complet pour que, après y avoir tracé en lignes rouges la division du nouvel aménagement, l'administration puisse juger du mérite du projet, et en formuler l'ordonnance d'exécution, s'il y a lieu.

Les procédés nécessaires à la formation de ce plan général, se bornant à la réduction de quelques plans partiels à une même échelle, et dès-lors à un travail des plus simples, nous ne les indiquerons que sommairement, persuadé qu'il n'est pas un agent-géomètre qui ne les connaisse ou ne les saisisse par le peu que nous en allons dire. (*Voir* du reste aux n°ˢ 94, 95, 96.)

Ce plan est ordinairement construit à l'échelle de 1 à 10,000 ; et lorsque, à raison de ses détails trop nombreux, il paraît difficile d'y tracer sans confusion le projet d'aménagement, c'est-à-dire d'y distinguer clairement celui-ci de l'ancien ou des coupes rapportées de la dernière révolution, il est convenable et utile d'en faire deux, l'un sur papier végétal, ne contenant rien du projet, l'autre sur papier raisin ou grand-aigle, contenant tout le projet moins la division ancienne ; puis de coller le bord nord du premier sur le bord nord du second, de manière qu'étant rabattu à volonté sur ce dernier, il s'y superpose et s'y rapporte assez exactement pour qu'à travers on voie la combinaison du projet de division relativement à l'ancienne ; et pour qu'ensuite, replié sur lui-même, il laisse l'autre entièrement à découvert.

La légende, la statistique résumée et le tableau de l'âge et de la contenance des coupes anciennes et nouvelles, doivent être également sur le plan du projet, du moins autant que possible, afin de rendre les recherches plus faciles. Cette pièce, dont il faut garder minute, est jointe au rapport spécial de la partie économique de l'aménagement.

83. Lorsque l'administration, après avoir examiné ce travail, a fait rendre l'ordonnance d'exécution, le géomètre qui, par ses premières excursions dans la forêt, a dû prendre connaissance des limites des propriétés riveraines et du nom de leurs propriétaires, en dresse une liste qui est envoyée au préfet dans le but de provoquer un

arrêté pour la convocation des riverains à une délimitation générale.

Si, pendant les deux ou trois mois qui s'écoulent entre l'envoi de cette liste et le jour de la délimitation, le géomètre veut consacrer son temps à l'aménagement, dont cette opération est le prélude, il doit d'abord commencer par la triangulation, faire nettoyer les anciennes lignes divisoires et périmétrales, dont le parcours peut être obstrué, lever tout l'intérieur de la forêt, les limites des séries telles qu'elles ont été reconnues et arrêtées lors du projet, les accidents de terrain notables, les anciennes laies sommières et séparatives, les ruisseaux, faire les nivellements des fortes pentes, etc., et préparer ainsi une partie des éléments nécessaires à la formation du plan général et définitif.

Le jour de la délimitation étant arrivé, le géomètre-expert procède à la reconnaissance et fixation contradictoire des limites, en absence comme en présence des riverains ; il lève à mesure, s'il ne l'a déjà fait, le périmètre reconnu ou prétendu, en se rattachant le plus possible à ses points de triangulation et aux lignes intérieures qu'il a pu lever précédemment.

Quand il est sûr de posséder tous les éléments de son plan, c'est alors seulement qu'il en construit la minute.

A cet effet, et si sa triangulation est calculée, son registre et son canevas trigonométrique sous ses yeux, il commence par placer exactement les points de celle-ci par le moyen des méridiennes et des perpendiculaires tirées d'avance sur sa feuille (n° 54), il y rapporte ensuite les plus grandes lignes de son levé, s'assurant bien si elles ferment, allant toujours du grand au petit et jamais du petit au grand, à moins qu'il n'y soit absolument forcé, ne passant au trait qu'autant qu'il n'y a plus rien de douteux dans le rapport de la masse entière.

Après avoir coté tous les angles déduits des canevas du terrain, toutes les lignes de construction sur le périmètre, il peut procéder à la rédaction du procès-verbal de délimitation.

Cette rédaction, qui n'est que la description en toutes lettres des cotes d'arpentage, est suivie de plans partiels de limites, copiés rigoureusement sur la minute du plan définitif. (*Voir* les instructions de l'administration sur la matière.)

84. Cela posé, le plan exactement construit à l'échelle voulue, on procède à la division des coupes, telle qu'elle a été indiquée par le plan-projet soumis à l'administration, sauf les modifications qu'une connaissance mieux acquise des localités par le levé du plan et son rapport exact, peut rendre nécessaires pour mieux coordonner le facile accès des coupes avec les moyens ies plus avantageux à leur exploitation, sacrifiant quelquefois leur régularité à cet objet plus important.

Soit donc à diviser en 25 coupes d'égales contenances : la première série (fig. 75), dont les limites sont F A D C H; F H, la laie sommière à ouvrir en ligne droite ; A B C et B D, deux chemins de vidange à conserver comme limites des coupes, sauf à les élargir.

Après avoir tracé au crayon sur mon plan la ligne F H, je vois qu'elle coupe un ravin qui la rendrait impraticable si je l'ouvrais sur le terrain dans cette direction ; ne pouvant la déplacer ni en F ni en H, points donnés d'entrée et de sortie. je la brise en S jusque sur la crête du vallon

R , sûr que je dois être que nul autre accident majeur ne s'opposera désormais à son établissement. Je trace également les redressements des chemins A B C et B D , puis la ligne I K , comme au plan-projet, coupant le polygone à peu près en deux parties égales. J'ai quatre polygones dans trois desquels je dois enfermer forcément un certain nombre de coupes ; j'en cherche l'aire séparément, soit graphiquement, soit par les sinus, et divisant le total par 25, j'ai le chiffre de la contenance à donner à chacune des coupes.

Ainsi, soit T de. . .   23 h. 84 ares,
      U de. . .   31   15
      V de. . .   52   05
      Y de. . .   46   20
    TOTAL. . . 153   24

qui , divisés par 25, donnent 6 hectares 13 ares.

Je vois de suite que T donne environ 4 coupes, U 5 coupes, V et Y ensemble , 16 coupes, mais que ces dernières seraient inégales si je conservais la ligne K I, et rien n'y oblige, car je puis la déplacer de manière à partager également la masse V Y ; à cet effet, ayant pour demi-différence entre V et Y , $\dfrac{\text{2 h. 92 a. 50 c.}}{\text{K I, de 1620}} = 18^{\text{m}}$, je porte 18^{m} de K en K' et de I en I' ; je tire la droite K' I', et mon grand polygone est divisé en deux parties égales dont chacune doit comprendre 8 coupes de 6 hect. 14 ares l'une. A la vérité , $\dfrac{\text{T}}{4} = 5$ hect. 96 ares ; $\dfrac{\text{U}}{5} = 6$ hect. 23 ares ; tandis que $\dfrac{\text{V} + \text{Y}}{16} = 6$ hect. 14 ares, ce qui détruit un peu l'égalité de contenance ; mais, tant que cette inégalité ne dépasse pas un vingtième environ , il ne faut pas s'y arrêter.

Passant alors à la division des coupes dans ces différents polygones, employez les mêmes procédés que pour le placement et le déplacement de la ligne K I ; établissez vos laies séparatives perpendiculairement, quand cela se peut, aux laies sommières ; inscrivez exactement sur ces laies la largeur des coupes , prise à l'échelle ou calculée, et assurez-vous que la somme de toutes ces largeurs égale la longueur de la laie , vous aurez une division dont l'application sera d'autant plus facile et plus exacte que vous aurez mis plus de soin à l'établir.

85. Pour pouvoir appliquer cette division au terrain avec toute l'exactitude désirable, il reste à faire une ou deux petites opérations trigonométriques, mais avec des mesures prises sur le plan même.

Ainsi, soit à ouvrir la laie sommière F S H , à partir de F :

Prolongez, sur le plan, la laie S F jusqu'en X sur le rayon trigonométrique P Q, vous aurez l'angle S X Q à déterminer ; pour cela mesurez avec précision sur le plan X Q, puis une longueur arbitraire X N, puis encore N Q, vous aurez les trois côtés d'un triangle qui , par le procédé du n° 21, vous donneront l'angle X.

Ensuite, prolongez F S en M ; mesurez S M et M H, vous aurez encore trois côtés qui vous donneront l'angle H S M, et dès-lors celui de son supplément F S H.

Ces données obtenues, transportez-vous sur le terrain , jalonnez une partie du rayon trigonométrique Q P ; mesurez, en partant de Q, la longueur connue QX ; ouvrez à ce point l'angle Q X N, vous aurez, par un rayon X F N, la direction de la laie sommière F S.

Arrivé en S, prenez l'angle F S H, ouvrez la ligne S H, vous devez arriver à deux ou trois mètres au plus du point H, si vous avez bien opéré.

Si, contre l'ordinaire, vous arriviez à huit ou dix mètres de ce point, comme il ne peut être changé, il faudrait briser la ligne à une centaine de mètres avant l'arrivée, ou bien recommencer la ligne S H; mais, si l'on ne voyait aucun inconvénient à la brisure, il vaudrait mieux s'en tenir à ce moyen.

86. Sur le terrain, des obstacles peuvent s'opposer au jalonnement du rayon trigonométrique Q X P, ou il peut ne point exister de triangulation; dans ce cas, il faut se servir des lignes de construction sur le périmètre, et chercher l'angle E F S, soit par la connaissance des côtés et des angles de ce périmètre, soit graphiquement; mais comme cette recherche par les calculs est longue et offre d'autant plus de chances d'erreur que les lignes d'opération sont plus multipliées, on peut s'en tenir au procédé graphique ci-après indiqué :

Par la mesure F G, connue par le chaînage et le levé du plan, puis par la mesure des côtés F N et N G pris à l'échelle, on détermine, comme précédemment, l'angle G F N, et en formant sur le terrain un angle pareil, après avoir rétabli exactement la ligne de construction E G, on a la direction de la laie sommière F S.

Enfin, si aucun de ces moyens n'était jugé praticable ou suffisant, on pourrait y suppléer ou au moins les corroborer par celui-ci : tirez sur le plan une ligne nord-sud coupant le point F, cherchez l'angle nord F S ou la déclinaison F S, et ouvrez cet angle sur le terrain avec la boussole, vous aurez par ce procédé un moyen simple de vérification, et qui n'est pas moins exact que les précédents. En théorie, il peut leur paraître inférieur ; mais en pratique, il leur est souvent supérieur et préféré.

87. L'ouverture de la laie sommière K' I' s'effectue de la même manière ; c'est-à-dire que, partant à 51^m du point L, soit de K', elle doit arriver en I' à 47^m d'un angle du périmètre ; si elle n'y arrive pas, il faut tenir compte de la différence, voir si elle est de nature à changer notablement la contenance des coupes et dans ce cas la recommencer, ou au moins modifier la largeur des coupes de manière que leur contenance augmente ou diminue dans la proportion de cette différence.

Le chaînage de cette ligne se fait à mesure de son ouverture ; et au moyen des distances partielles inscrites entre les coupes, sur un croquis du projet qu'on doit avoir en main, on détermine leurs lignes séparatives par un fort piquet, flaché ou blanchi en regard de ces lignes ; et si, arrivé en I', on ne trouve pas la longueur totale conforme à celle du plan, on répartit la différence entre toutes les largeurs des coupes pour ne pas la laisser porter sur une seule ; cette répartition s'exécute en revenant sur ses pas dans la ligne ouverte et en déplaçant chaque piquet de la quantité voulue. Alors, au moyen d'une équerre, on élève à ces piquets des perpendiculaires bien exactes, et on a le placement des laies séparatives.

88. Pour les coupes où les laies sont obliques, comme au n° 4, mesurez 276^m de B vers D, et ouvrez à cette longueur l'angle ou la déclinaison indiquée sur votre plan, vous obtiendrez le même résultat.

Quand ces laies sont ouvertes, il est indispensable de les chaîner toutes et de rattacher leurs extrémités à des points du levé sur le périmètre de la forêt ; car c'est par suite de ces mesures et ces rattachements que, pouvant former vos coupes rigoureusement sur le plan, vous obtenez par de nouveaux calculs leurs contenances exactes, qui, du reste, si vous avez bien opéré, doivent différer peu de celles que vous avez voulu leur donner.

89. Le second filet des laies sommières, pour être bien parallèle au premier, s'ouvre en élevant, de 50^m en 50^m, sur celui-ci, des perpendiculaires au bout desquelles se plantent bien verticalement des jalons que l'on puisse apercevoir l'un de l'autre à travers bois.

90. Si l'on demandait qu'une route ou une laie se dirigeât sur un point déterminé hors du bois, comme un clocher, une tour, un arbre, etc., il faudrait d'abord placer ce point sur le plan et opérer comme il a été dit ; mais si ce point n'y pouvait être placé, à cause de son grand éloignement ou parce que sa distance au bois est inconnue, on s'y prendrait ainsi.

Soit le point A donné (fig. 76), *d'où l'on veut ouvrir à travers bois une laie qui se dirige sur le clocher **F**, visible des points **B, C, D, E** :*

Supposant, par la connaissance des lieux, que A B se dirige à peu près sur F, je trace cette ligne sur mon plan et je la mesure, ainsi que l'angle A B H.

Arrivé sur le terrain en B, point de la ligne de construction B H, j'ouvre l'angle H B C supplément de l'angle A B H ; et, à une distance arbitraire B C, mais de 50 mètres au moins, j'élève une perpendiculaire C D que je divise de mètre en mètre sur une longueur qui, par aperçu, puisse croiser le rayon cherché A F, et je plante un jalon à chaque division.

Je reviens en B, et je dis :

$$A\,C : C\,D :: A\,B : B\,E.$$

Divisant cette perpendiculaire en autant de parties égales qu'en contient C D, je marche jusqu'à ce que deux points correspondants soient en ligne avec le clocher F, et si je n'en trouve aucun, je subdivise les deux espaces homologues, entre lesquels est le clocher, jusqu'à ce que cette coïncidence existe. Alors, ouvrant la laie sur cet alignement, si j'ai bien opéré, je dois arriver sur le point donné A.

91. Ce procédé n'est pas rigoureux ; mais dans la pratique il suffit toujours et manque rarement son but.

En voici, du reste, un plus rigoureux :

De B (fig. 77) observez l'angle A B F ; son supplément vous donnera l'angle A B C ; avec ces éléments et l'hypothénuse connue A B, trouvez, par les sinus naturels, les côtés A C et B C. Elevez en B, sur la ligne B F, une perpendiculaire B G H ; mesurez une distance B G moitié environ de A C ; observez à ce point l'angle B G F, il sera égal à l'angle C E G, comme correspondant. Cet angle et son complément, avec les côtés K G $=$ C B, vous feront trouver K E ; alors dites :

$$C\,E : B\,G :: C\,A : B\,H.$$

Et après avoir fixé H à la longueur obtenue, la ligne F H, continuée et ouverte, devra arriver sur le point donné A.

Ce procédé doit être préféré au premier quand on est muni sur place de tables des logarithmes.

92. *S'il était question de faire concourir plusieurs laies à un point central C rigoureusement donné sur une ligne droite A B* (fig. 78).

Levez et construisez le plan du bois en y plaçant le point donné C, sur la ligne A B. De ce point établissez les lignes divisoires des coupes à asseoir ; sur le terrain, ouvrez en C les angles inscrits sur votre plan, vous aurez les directions des laies à faire ouvrir ; rattachez ces laies sur le périmètre ; subordonnez-y celui-ci ; recalculez vos coupes, et si vous ne trouvez que de légères différences avec vos premières évaluations, votre travail est bon.

Tels sont les procédés principaux relatifs à l'exécution matérielle d'un aménagement.

Toutefois, comme il faudrait un volume pour développer toutes les questions que la variété infinie des localités peut soulever, le géomètre doit avoir assez d'intelligence pour suppléer à ce que je n'ai pu dire.

Plan général.

93. Ce plan est la réunion sur une seule feuille grandaigle et dans leur position relative et géométrique, de toutes les masses de bois composant l'aménagement d'une ou de plusieurs séries réduites à une plus petite dimension.

Il présente à la fois :

1° La triangulation ou canevas trigonométrique (1) ;

---

(1) D'après les instructions, lorsque la triangulation embrasse la forêt et que plusieurs points ont pu être observés et déterminés dans l'intérieur des masses, le canevas trigonométrique est présenté sur une

2° La division des séries , des coupes ; les chemins, routes , rivières, montagnes, etc.;

3° Un tableau indicatif des séries , sur le côté de la feuille, indiquant la contenance, l'âge et l'année de la première révolution des coupes , en ce qui concerne le taillis, et seulement l'âge et la révolution générale de la futaie.

Le choix de l'échelle pour la formation de ce plan n'est point arbitraire; il est subordonné à la configuration ou à l'étendue de la forêt ; cependant il ne peut être fait qu'entre les échelles du 5 , du 10, du 15 ou du 20/1000°.

Avant de procéder à la réduction des plans de détails ou de développement, il faut préparer une feuille comme on l'a fait pour le rapport, c'est-à-dire y tirer des carrés de mille mètres de côté , y placer et y tracer entièrement la triangulation par le moyen des méridiennes et des perpendiculaires ; puis cela fait, il reste encore à choisir la méthode de réduction ; comme il en est plusieurs , je vais les indiquer.

Réduction par les carrés ou réseaux.

94. *Soit le plan de la figure 79, rapporté au 5/1000°,*
à réduire au 20/1000°.

Les carrés du plan de détail étant de 1000ᵐ, je les divise, au crayon, en carrés de 500ᵐ de côtés; j'ai ensuite un réseau en carton ou en cuivre (fig. 80) aussi de 500ᵐ de

---

feuille à part , afin que son tracé et l'inscription de ses cotes ne se confondent pas avec les autres détails du plan général ; mais il est si rare qu'une triangulation s'écarte des limites d'une forêt, que le même plan peut presque toujours les réunir sans confusion sur un même canevas. Il est à désirer que l'administration modifie son instruction dans ce sens.

côtés et divisé en 25 carrés de 100^m au moyen de huit fils fins qui se coupent à angles droits.

Divisant au crayon les carrés de ma feuille de réduction (fig. 78 *bis*) en carrés de 100^m, chacun d'eux représentera un des carrés du réseau dans la proportion de leurs échelles, c'est-à-dire, :: 1 : 4, et pour les surfaces. :: 1 : 16.

Alors, appliquant le réseau sur un des carrés du plan de détail, je trace sur la feuille de réduction, dans les carrés correspondants et à l'œil, les détails contenus dans les premiers et qui peuvent figurer sans confusion sur le plan général.

On pourrait croire d'abord que ce genre de réduction n'est qu'un à peu près, parce qu'il faut apprécier à l'œil les distances auxquelles les objets doivent être placés; mais je désire qu'on l'essaie avant de le juger ; d'ailleurs on peut le rendre plus précis en divisant le plan et le réseau en carrés de 50^m au lieu de 100; mais, pour un plan général qui n'exige pas une précision des plus rigoureuses, j'avoue n'avoir jamais reconnu l'utilité de cette subdivision.

On sent que, par cette méthode, il est impossible de se tromper sans s'en apercevoir à l'instant, car si l'on plaçait dans un carré ce qui appartient à un autre, la partie suivante ne joindrait plus et laisserait une lacune dont l'œil serait frappé immédiatement.

95. *Réduction au pantographe.*

La méthode qui précède, bien qu'aussi exacte qu'ingénieuse , est pourtant moins en usage que celle du *panto-*

graphe qui, si elle n'est pas toujours sûre et commode, est au moins fort ingénieuse aussi.

Cet instrument, qu'on appelle encore *prosopographe*, *micrographe* ou *singe*, est ordinairement composé de quatre règles montées sur trois roulettes.

Une des conditions essentielles à la bonté de cet instrument, c'est que le calquoir, le pivot et le crayon doivent toujours être sur une même ligne droite.

Après l'avoir monté au chiffre de la proportion que l'on veut obtenir par la réduction, on fixe l'original et la feuille de la copie sur une table avec de la colle à bouche, ou avec des clous plats appelés punaises; puis la tige du pivot de l'instrument s'implante dans la table jusqu'à l'épaulement; et alors on suit avec le calquoir les lignes que l'on veut reproduire, en s'assurant que le crayon les retrace bien nettement.

Lorsque la minute est grande, et que le calquoir n'en peut parcourir qu'une partie, on trace des lignes de repères sur les deux plans, de manière qu'en déplaçant et replaçant de nouveau l'instrument, les réductions partielles se lient et se coordonnent.

Si la minute d'un plan est à l'échelle de 1 à 5,000, il faut monter l'instrument, savoir : à la 1/2, si la réduction est de 1 à 10,000 ; au 1/3, si elle est à 15,000, et au 1/4, si elle doit être à 20,000.

Je me borne à ce peu de mots sur l'usage et les propriétés du pantographe, parce que je ne pense pas qu'il puisse être employé avec avantage à la réduction des plans d'aménagement.

Réduction au compas.

96. Au moyen de la triangulation et des carrés de 1000^m tracés sur la minute et la copie, établissez des diagonales et des lignes de construction, et en concevant toutes les figures partagées en triangles, déterminez-en les sommets par des points d'intersection, en observant toujours de porter les mesures de la minute sur son échelle, afin de prendre une même quantité de parties sur l'échelle du plan général.

Si votre compas est *réducteur*, c'est-à-dire s'il est à branches croisées et à pointes à coulisses qui permettent de placer leur espacement dans le rapport des lignes des deux plans, l'opération est un peu plus prompte en ce qu'il suffit de retourner le compas et de l'appliquer ainsi sur les lignes correspondantes du plan général.

Mais ces compas peuvent être remplacés avantageusement par l'échelle à biseau, surtout pour la réduction des plans d'aménagement où toutes les lignes de construction et autres sont cotées; en effet : établissez ces lignes sur votre feuille de réduction, appliquez-y votre échelle à biseau; et, lisant les cotes sur la minute, portez-les avec un piquoir, et faites comme si vous leviez et rapportiez un nouveau plan dont votre minute représente le terrain; avec un peu d'habitude vous trouverez cette méthode plus prompte et plus commode qu'elle ne le paraît d'abord, et vous l'emploierez souvent par préférence.

97. Je n'indiquerai pas la manière de tracer un plan et d'en disposer et varier les écritures ; ceci est l'objet du dessin que je ne traite pas ; cependant je ferai observer qu'il ne suffit pas qu'un plan soit exact dans toutes ses dimen-

sions, sans doute c'est la chose essentielle, mais il est bon encore que le dessin en soit pur, que les écritures soient nettes et plaisent à l'œil autant que l'exactitude du plan plaît à l'esprit. (*Voir* à cet égard les modèles de topographie et les instructions de l'administration.)

98. Quant à la manière de copier les plans sans changer leurs dimensions, il me suffira de l'indiquer pour mettre chacun à même de l'employer avec succès.

Au moyen de petites pinces d'acier ou même de bois, attachez le plan-minute sur la feuille de la copie; et avec un piquoir à fine aiguille, piquez le plus verticalement possible les sommets de tous les angles rentrants et saillants formés par les lignes du plan; ôtez les pinces, enlevez la feuille, et si vous n'avez ni oublié ni multiplié mal à propos les points, vous reconnaîtrez assez les correspondants sur la copie pour y tracer les lignes du plan, soit au crayon, soit au tire-ligne.

Si l'on veut calquer le plan au lieu de le piquer, on se sert d'une grande glace inétamée, encadrée dans un châssis de bois garni de deux montants; on ajuste dessus la feuille-minute et la feuille-copie, et plaçant le calquoir vis-à-vis le jour de la chambre, c'est-à-dire dans une position inclinée de 20° environ, on voit à travers et on suit, au crayon ou au tire-ligne, tous les traits du plan.

Au lieu d'une glace enchâssée, les ingénieurs du cadastre, chargés de copier une foule de plans très-détaillés, font encadrer cette glace dans une table ordinaire posée horizontalement ou très-légèrement inclinée en avant, puis font ajuster dessous une ou plusieurs autres glaces qui produisent le même effet que la première, si d'ailleurs on a soin de ne laisser dans la chambre que le jour nécessaire.

Bien que cette manière de copier les plans soit prompte

et commode, elle est moins rigoureuse que celle du piquoir, qui est la seule à suivre quand on veut une copie exacte. Pour les plans d'aménagement dont il faut fournir quatre copies, cette dernière manière doit être préférée, parce qu'elle permet de piquer deux copies à la fois en appuyant un peu plus sur le piquoir.

On pourrait encore employer la méthode qui consiste à déterminer par intersection les angles des lignes au moyen de l'échelle et du compas ; mais, quoique rigoureux en théorie, ce moyen exige trop de temps, pour être conseillé, surtout quand il s'agit d'un plan très-détaillé.

Vérification des plans d'aménagement.

99. Jusqu'ici la vérification des aménagements, faite dans les bureaux de l'administration, consiste à reconnaître :

1° Si la triangulation et les lignes de construction du plan se lient et se coordonnent ;

2° Si leurs cotes sont exactes et produisent les résultats énoncés ;

3° Si les distances à la méridienne et à la perpendiculaire sont bien calculées ;

4° Enfin, si le tracé, les écritures et autres détails sont conformes aux instructions.

Mais sur la question de savoir :

1° Si la triangulation n'est pas fictive ou n'émane pas de l'arpentage même ;

2° Si les cotes du plan sont bien celles prises sur les lieux, et si la surface des coupes en est déduite ;

3° Enfin, si le plan ne va pas jusqu'à être visuel ou même fictif, l'administration ne peut s'en convaincre et ne le pourrait que par une vérification faite sur le terrain même.

La création de vérificateurs spéciaux est donc nécessaire, et l'administration fera bien d'y pourvoir, si d'ailleurs elle nomme à ces emplois des hommes capables de les remplir.

Je crois donc bien faire aussi, moi, en donnant quelques règles sur les moyens de procéder à ces vérifications.

Je commence par dire que, s'il est plus facile de vérifier un plan que de le faire, quiconque cependant n'en a pas levé un grand nombre, saura peu les vérifier, ou les vérifiera mal.

Cette vérification ne consiste pas à mesurer seulement un certain nombre de côtés et d'angles du périmètre et des coupes ; puis, de leur exactitude ou de quelques différences trouvées, à conclure que le plan est bon, ou qu'il est mauvais ; elle consiste bien plutôt à découvrir en vertu de quoi il est tel ; et cette découverte ne se fait qu'en examinant si tout le système est basé sur des principes rigoureux et invariables ; autrement il peut arriver que la vérification ne porte que sur les quelques défectuosités dont le meilleur plan n'est souvent pas exempt, ou sur les quelques parties exactes dont un mauvais n'est pas toujours privé : d'où la conclusion de son rejet ou de son admission peut-être mal fondée.

Sans doute, si la vérification du terrain s'étendait à toutes les parties d'un plan, qu'elle comprît tous les angles, tous les côtés qui le constituent, et qu'il en résultât, ou de nombreuses ou de très-légères différences, on serait en droit de conclure à son admission ou à son rejet ; mais alors une vérification serait un second levé général, et il n'en peut être ainsi. Il faut donc trouver des moyens pour

rriver au même but, et tel est celui que doit atteindre un
aabile vérificateur.

Ainsi, pour bien procéder à la vérification d'un plan, il
íutile de commencer par le vérifier au cabinet. A cet
effet, le vérificateur doit se faire remettre d'abord les
croquis-notes du géomètre, contenant tous les éléments
de la triangulation et du levé; se faire expliquer sa manière d'opérer, car chaque géomètre a la sienne, et appliquer ensuite lui-même une partie de ces mesures au plan-
minute, calculer la triangulation, quelques coupes et l'ensemble de plusieurs, réunies en une masse. S'il trouve que
les fermetures ont été forcées dans quelques parties, il les
désignera comme étant celles sur lesquelles devra se porter plus spécialement sa vérification sur le terrain; mais
s'il trouve, au contraire, que le rapport, en général, n'a
point été gêné, tiraillé, tourmenté dans ses constructions,
comme c'est une forte présomption en faveur de l'exactitude du plan, il peut presque s'en tenir à cette vérification, si d'ailleurs la manière d'opérer du géomètre est
claire, rationnelle, et dénote en lui les connaissances suffisantes de son art. En effet, à moins qu'on ne suppose que
la concordance des notes avec les cotes du plan a été faite
après coup et dans le but de tromper, il est évident, lorsque la triangulation, les longueurs, les angles, et toutes
les parties d'un plan se lient et se coordonnent sans différence sensible avec les éléments du terrain, que ce plan
est bien levé, bien rapporté, et peut dès-lors être admis
sans autre vérification.

Mais cette exactitude se rencontre rarement; et comme,
d'un autre côté, les éléments du levé du plan ne restent
pas toujours intacts ni entiers entre les mains du géomètre,
surtout après un certain laps de temps, ce n'est tout au

plus que pour les plans nouvellement formés et dont les notes peuvent être encore entières et représentées, que ce genre de vérification pourrait paraître suffisant. Pour tous les autres cas, les opérations du terrain sont nécessaires, et peuvent être ou fort simples ou assez compliquées, selon la disposition, la configuration et la situation des bois.

Par exemple, pour un bois en plaine, sans accidents notables, enclavé en quelque sorte parmi d'autres masses de bois qui n'ont pas permis de le trianguler, la vérification peut se borner à mesurer le plus exactement possible ses grandes lignes de construction, de division, ses principaux angles, une partie de son périmètre et quelques coupes ; toutefois, ce ne serait qu'en multipliant ces mesures et en les appliquant avec soin qu'on pourrait se former une opinion sur l'exactitude ou les défectuosités du plan.

Mais si ce même bois était accidenté et dégagé d'obstacles sur ses limites, la vérification exigerait des soins plus minutieux tant pour la triangulation et la mesure des bases que pour le chaînage des lignes de construction et de division ; aussi serait-on plus sûr de l'exactitude de son ensemble, et ce point est important.

Il est donc utile de connaître toutes ces dispositions avant d'opérer, de connaître aussi le degré de confiance que le géomètre peut inspirer, pour faire choix du système de vérification qu'on doit appliquer ; et indépendamment de cette connaissance, je le répète, il faut encore avoir celle de son art ; et celle-là, l'expérience seule peut la donner.

Nous allons indiquer par un exemple les modes de vérification à employer.

D'après la circulaire de l'administration n° 505, tous les plans d'aménagement, anciens et nouveaux, seront soumis à une vérification une fois pour toutes : d'où l'on peut conclure, au moins implicitement, que tous ceux qui seront reconnus incomplets, seront complétés, et que, s'ils sont assez vicieux ou défectueux pour ne pouvoir pas être rectifiés, ils seront entièrement recommencés; car autrement le but de la mesure ne se comprendrait pas.

Notre exemple ne portera donc que sur un aménagement récent auquel il ne manque, pour ainsi dire, d'autre sanction qu'une bonne vérification pour être complet et régulier; car pour tous les autres, ce n'est point une vérification qu'il faut, c'est un levé général, c'est une autre et entière construction par des éléments nouveaux et conformes aux instructions.

100. *Soit donc à vérifier le plan XY (fig. 79 bis) représentant l'aménagement d'une masse de bois divisée en plusieurs coupes, et soumise à une triangulation dont la base est A B.*

Si, après avoir appliqué et coordonné les éléments qu'a fournis le géomètre, le vérificateur juge qu'il y a lieu d'opérer sur le terrain et de revoir toute la triangulation et une partie des détails du plan; si ensuite les signaux de la triangulation ont disparu et que leur emplacement ne puisse être retrouvé exactement, il commencera par rétablir au moins quelques lignes de construction autour du périmètre, comme a, b, c, d, A e, ou par en imaginer de nouvelles en les rattachant à des points fixes, afin d'y coordonner un système quelconque de triangulation qui embrasse le plus d'étendue périmétrale possible; c'est-à-dire qu'il fera une autre triangulation que celle du géomètre.

Mais ici nous admettons que tous les points trigonométriques sont encore existants, et qu'il ne s'agit que d'y stationner pour vérifier les angles dont ils sont le sommet,
disposition plus favorable que la première et qu'il faut toujours tâcher d'obtenir.

Cela fait, on chaîne avec soin la base A B, et de ses
extrémités on observe les points N, O, C, D, E, M, s'ils
sont visibles (n°⁵ 10,11, 12, 13, 14, 15). On fait la même
opération aux autres points et l'on compare ensuite ses
angles avec ceux du plan, ce qui indique souvent, par des
différences trop fortes, l'erreur qu'a pu commettre le géomètre, ou qu'on a commise soi-même sur quelques points;
et c'est en cela que consiste l'avantage de rétablir la triangulation primitive, puisqu'il permet, sur le terrain, une
double vérification qu'une nouvelle triangulation ne donne
pas.

Il arrive quelquefois que, par la difficulté de lier un
système à un autre, le géomètre se contente d'un seul, et
par un peu de paresse ou d'inattention, abandonne ainsi à
l'incertitude des lignes de détail, une notable partie du
périmètre de la forêt; mais le vérificateur ne doit reculer
devant cette difficulté que si elle est insurmontable, et
qu'après avoir fait tous ses efforts pour la vaincre.

Ainsi, supposant que le périmètre G H U, dégagé d'obstacles, n'a pas été triangulé par le géomètre, et que du
point K on aperçoive au-dessus du bois deux des points du
premier système, comme D et M; observez les angles
M K D et A D K à défaut de K D M, parce que M ne
s'aperçoit pas de D; puis trouvez l'angle A D M par les
deux côtés connus A D et A M et par l'angle connu D A M;
ajoutez l'angle ainsi obtenu à l'angle observé A D K, leur
somme donnera l'angle K D M; et comme vous connaissez

l'angle D K M et le côté D M, vous obtenez la longueur des côtés D K et K M ; cherchant dès-lors, comme en L, un point d'où vous puissiez découvrir M ou D, soit M : vous déterminez par le côté K M les points J, I, afin de pouvoir déterminer ensuite H.

Comme vous ne pouvez pas continuer la série de vos triangles jusqu'en G, vous vous contentez de mesurer les lignes périmétrales et les angles de H en G. Toutefois, par les deux côtés connus G D et D K, et l'angle K D G, vous pouvez déterminer G K ; puis, par le même procédé, G H ; mais ces côtés, déduits d'un peu loin, bien que par des moyens rigoureux en théorie, n'ont pas la précision de ceux de la première série de triangles.

Mesurant ensuite les angles, les longueurs partielles et totales d'une partie des laies de l'aménagement, après avoir toutefois examiné, par un jalonnement rigoureux, si ces laies sont bien droites, vous pouvez croire ces éléments suffisants pour vous prononcer sur le vice ou le mérite du plan.

Pour cela, vous calculez la triangulation d'après vos données en prenant le soin de vérifier, à défaut de tour d'horizon, les côtés par le moyen des rayons croisés ;

C'est-à-dire, par exemple, que les côtés B N et C N, déterminés par le côté B C émané directement de la base A B, peuvent l'être encore par les triangles A B N et A C N, déterminés eux-mêmes par la base A B et le côté A C. Et quand, par ce moyen, les côtés sont reproduits à un mètre environ de différence, l'opération peut être considérée comme assez rigoureuse.

Quant à l'orientement du plan et aux distances des points trigonométriques à la méridienne et à la perpendiculaire, soit du lieu, soit de Paris, le vérificateur, qui a dû prendre à la boussole la déclinaison d'un rayon quelconque de la triangulation avec la méridienne vraie ou magnétique, distinction essentielle, calcule ensuite ces distances d'après les méthodes du n° 25, et compare ses résultats avec ceux du géomètre. Ces résultats doivent peu différer si les triangulations et les déclinaisons diffèrent peu elles-mêmes.

Il n'est pas toujours nécessaire que le système de vérification embrasse toute la triangulation et toutes les parties du plan ; car s'il en devait être ainsi, la vérification serait une opération égale à celle du géomètre, et il n'en pourrait faire qu'un bien petit nombre, quelque activité qu'il eût ; dès qu'il a reconnu dans ses premières vérifications la main d'un géomètre habile et exact, il peut tirer hardiment la conséquence que le reste du plan est de la même exactitude ; mais pour en agir ainsi, il faut qu'il soit lui-même habile et bon appréciateur de l'habileté d'un géomètre. C'est à l'administration à ne confier ces emplois qu'à des hommes éprouvés par l'expérience et capables de cette appréciation.

Le vérificateur a donc tout ce qu'il faut pour, après application, ou même nouveau rapport sur le plan, pouvoir rédiger son procès-verbal de vérification par lequel il doit rendre compte des différences, expliquer leur cause et conclure ou à la rectification, ou à l'admission, ou au rejet ; mais comme cette dernière conclusion est un point délicat, capital, il faut savoir à quelles conditions on peut la prendre.

Ces conditions sont dans une défectuosité complète de toutes les parties du plan, et quand il est évident que des rectifications ne feraient que le tourmenter, le *replâtrer* sans le rendre meilleur. Elles sont encore dans l'excès des

différences tolérables pour la longueur des lignes périmétrales et la valeur des angles.

Mais quelles sont ces tolérances?

Elles doivent être basées sur les difficultés locales, et,
selon nous, elles peuvent aller, savoir :

Au centième des lignes dans les pentes fortes ;

Aux deux centièmes des lignes dans les pentes moyennes;

Aux quatre centièmes des lignes sans pente.

Quant aux ouvertures d'angles, nous pensons que la tolérance peut s'étendre , savoir :

A 10' pour les rayons de 10 à 100 mètres ;

A 4' pour les rayons de 100 à 500 mètres ;

A 2' pour les rayons de 500 mètres et au-dessus.

Plus les rayons sont courts , plus leurs ouvertures sont
difficiles à vérifier.

En effet, si l'on ne retrouve pas exactement leurs sommets , soit par suite du déplacement des piquets ou des
bornes, soit à cause même de l'épaisseur de ces dernières,
dont l'axe répond si rarement au centre exact de la station
du géomètre , le moindre écartement, à cet égard , donne
evidemment une différence d'autant plus grande que le
rayon est plus court : d'où il est juste que la tolérance
soit plus forte pour les petits rayons que pour les grands.

Voyons d'ailleurs l'écartement qui résulterait de ces
tolérances :

$$10' \text{ pour un rayon de } 100^m \text{ ont pour corde} = 0^m\ 29$$
$$4' \quad id. \quad\quad \text{de } 500^m \quad id. \quad = 0^m\ 58$$
$$2 \quad id. \quad\quad \text{de } 1000^m \quad id. \quad = 0^m\ 58$$

Ces différences doivent donc paraître d'autant plus tolérables que le vérificateur est moins sûr d'avoir rétabli exac-

tement les rayons du géomètre (1), et tout praticien conviendra que, quelque soin qu'on apporte à ce rétablissement, il est très-rare qu'on l'obtienne rigoureusement.

Telles sont, je crois, les principales opérations d'un vérificateur de plans d'aménagement; tous les moyens d'y procéder ne sont peut-être pas renfermés dans ce qui précède, mais ceux qui manquent sont ou peu importants, ou seront facilement suppléés par l'intelligence du vérificateur.

Maintenant, quels sont les plans d'aménagement susceptibles d'une vérification réelle et sérieuse?

Cette question nous mène à examiner la nature des plans existants; il en est de trois sortes:

1° Plans antérieurs à 1789, et dès-lors inexacts, incomplets, n'offrant qu'une division imaginaire et absurde, n'existant même sur le terrain que fictivement, c'est-à-dire par des bornes placées aux extrémités supposées, des laies non ouvertes;

2° Plans antérieurs à l'instruction du 7 juillet 1824, et dès-lors sans triangulation, sans cotes, sans exactitude

---

(1) Les *Annales forestières* de novembre 1843 contiennent un article de M. Henrionnet sur les vérifications d'aménagement; je l'ai lu avec d'autant plus d'intérêt que nous sommes assez généralement d'accord sur les procédés à employer. Si nous différons sur quelques points de peu d'importance, la cause est dans une erreur de calcul faite par M. Henrionnet; ainsi, quand il dit, page 642, qu'on ne doit accorder que 2' de tolérance pour les angles dont les rayons sont de 300 à 400 mètres, attendu que cette différence donne 2 mètres de déplacement dans la position d'une borne, il a voulu dire sans doute 2 décimètres, parce qu'en effet 2' ne donnent que cet écartement. C'est donc par cette raison que, contrairement à M. Henrionnet, je pense que les tolérances doivent être d'autant plus grandes que les rayons sont plus petits.

géométrique, sans délimitation régulière, et pour la plupart d'une valeur presque aussi nulle que les précédents;

3° Plans postérieurs à 1824, dressés sous l'empire d'instructions plus précises, et soumis à une sorte de vérification dans les bureaux de l'administration.

Pour les premiers, il n'y a ni vérification, ni rectification, ni réduction, ni développement à une échelle métrique, qui puissent les régulariser : ils sont entièrement à recommencer et peuvent tout au plus servir de renseignement. Aussi sommes-nous toujours étonné de voir les administrations locales s'en contenter, quant aux bois communaux, et y prendre pour exactes ou suffisantes des contenances évidemment fausses d'un tiers ou d'un quart, lorsque ces contenances doivent servir de base aux estimations des coupes à délivrer, et dès-lors à la fixation des produits dont la perception du vingtième est autorisée au profit de l'administration; il nous a toujours semblé que la plupart des administrateurs locaux voyaient cela avec trop d'indifférence, et que si l'administration cherchait des économies dans les travaux d'assiette, elle n'entendait pas sans doute qu'on lui présentât des plans grossiers et, pour ainsi dire, visuels, comme suffisamment exacts.

Pour les seconds plans, il en est cependant qui pourraient offrir assez d'exactitude dans leur ensemble et leurs détails, pour qu'une vérification suffît à les compléter; mais comme il en est beaucoup plus pour l'admission desquels cette vérification serait un soin perdu, il faut savoir faire cette distinction, et c'est là un talent pratique que la théorie seule ne donne pas.

Il ne reste donc que les plans postérieurs à 1824, qui peuvent être soumis sans distinction à une vérification rigoureuse; du moins doit-on penser qu'il ne leur manque généralement que cette sanction pour être réguliers, malgré la certitude qu'on peut avoir qu'il s'en trouvera d'assez défectueux pour être rejetés, ou d'assez incomplets pour être admis à rectification.

Dans tout ce qui précède, nous n'avons pas eu la prétention de présenter nos méthodes et nos opinions comme exclusives, mais seulement comme fruit d'une longue expérience dans la matière ; et nous serons heureux si on les trouve aussi utiles qu'elles nous paraissent opportunes.

DES CARTES FORESTIÈRES.

101. Les cartes forestières et statistiques dont l'administration a prescrit la confection, sont d'une utilité si bien démontrée qu'on ne sait comment qualifier l'indifférence dans laquelle on est resté si long-temps à leur égard.

Ce fut pour satisfaire au besoin que nous éprouvions de démontrer cette utilité que, de 1832 à 1836, recueillant tous les éléments nécessaires à la formation d'une carte forestière de l'arrondissement de Châtillon-sur-Seine, nous en avons construit une à l'échelle de 1 à 50,000 sur des bases et des données que l'administration a depuis adoptées en partie.

Cette carte, presque achevée, comprenant deux feuilles grand-aigle réunies, a été établie sur le canevas trigonométrique de Cassini, rectifié par les ingénieurs-géographes, et sur les 116 tableaux d'assemblage du cadastre (terminé dans les six cantons de cet arrondissement) que nous avons copiés et réduits. Elle présente la configuration périmétrale et exacte de chaque territoire communal, de tous les bois domaniaux, communaux et particuliers, distingués par des teintes plates, verte, jaune et rose, les routes,

— 131 —

chemins, villages, hameaux, usines de toute espèce, fer-
mes, moulins, rivières, ruisseaux, étangs ; puis enfin une
légende donnant la contenance des bois par catégorie et
par commune, l'étendue territoriale d'après le cadastre,
et autres renseignements statistiques.

Nous n'avons donc pu qu'applaudir à la mesure qui pro-
clamait la nécessité des cartes forestières ; et si des circonstances fâcheuses n'étaient pas venues arrêter nos dispositions et nous jeter dans le découragement, nous aurions
achevé la nôtre pour en faire hommage à l'administration;
mais ce n'est sans doute pas de si tôt qu'il nous sera possible de reprendre notre essor dans cette carrière, où
nous n'étions entré d'ailleurs que par zèle (1).

Néanmoins, nous indiquerons les procédés que nous
avons employés pour la confection de notre carte.

L'administration, qui sentait ne pouvoir employer les
arpenteurs forestiers à la formation de ces cartes parce
qu'elle n'était pas en mesure de les désintéresser, fit d'a-
bord un appel aux agents forestiers et leur envoya la carte
de Cassini à l'effet d'y indiquer par des croquis superposés
la configuration des bois, et autres renseignements faisant
l'objet de la circulaire n° 501 ; mais ce moyen, dont l'administration semblait se contenter à défaut d'un meilleur,
est tout-à-fait impraticable, ou du moins ne peut produire
qu'un édifice informe, manquant par la base même.

En effet, les tableaux d'assemblage du cadastre étant
pour la plupart réduits au $\frac{10}{1000}$ et les autres plans de l'ad-

(1) En quittant la Côte-d'Or en 1844, nous avons fait don à la conser-
vation de Dijon de notre carte-minute inachevée; nous supposons
qu'elle y a été bien accueillie.

ministration locale à des échelles diverses, il faudrait
d'abord ramener, réduire tous ces plans à l'échelle des
cartes de Cassini, qui est généralement celle du $\frac{80}{1000}$, non
que ce travail offre des difficultés, mais, lorsqu'il s'agirait
d'assembler ces réductions et de les superposer à Cassini,
qui ne présente ni le périmètre, ni la position exacte des
bois, il y aurait un chevauchement ou des lacunes inévita-
bles qu'on ne pourrait faire disparaître qu'en forçant les
limites des bois, et dès-lors en les défigurant.

L'administration ne peut donc se contenter d'un tel à
peu près.

Si les cartes du dépôt de la guerre étaient terminées et
publiées, il deviendrait beaucoup plus facile de dresser les
cartes forestières, car celles-là, bien qu'elles se bornent
à la configuration périmétrale des masses de bois sans donner le périmètre entre bois domaniaux, communaux et
particuliers, n'en sont pas moins des canevas très-exacts
dans lesquels doivent entrer forcément toutes les parcelles
qui composent une masse.

Mais en attendant que ces cartes paraissent, nous
croyons devoir donner quelques notions sur la formation,
a novo, d'une carte forestière.

L'échelle la plus convenable est, je crois, celle du $\frac{50}{10000}$;
du moins serait-il à désirer que l'administration eût prescrit à cet égard une échelle uniforme.

Sur la feuille qui doit recevoir la carte, tracez à l'encre
rouge pâle des carrés de mille mètres de côté, ainsi qu'il
est dit au n° 54.

Sur les extrémités des lignes formant ces carrés, inscrivez les distances à la méridienne et à la perpendiculaire
de Paris.

Au moyen du canevas ou du registre trigonométrique

rectifié de Cassini placez au moins deux points de chaque territoire communal.

Cela fait, si vous avez le tableau d'assemblage ou plan général du cadastre, et il vous est même indispensable, tracez-y des carrés d'après les distances connues de la méridienne et de la perpendiculaire de Paris, et opérez ensuite la réduction de ces plans sur votre carte même, en partant ou des points trigonométriques des ingénieurs-géographes, ou des lignes méridiennes et perpendiculaires, et subordonnez rigoureusement à ces points tous les détails du plan cadastral, vous aurez une réduction aussi exacte que celle des cartes du dépôt de la guerre, puisque les principes en sont les mêmes.

S'il arrivait qu'au lieu de deux points par territoire vous n'en eussiez qu'un, il faudrait, avant de passer au territoire qui se trouverait dans ce cas, réduire tous ceux qui lui seraient limitrophes, afin d'en assurer l'orientement, qui, sans cela, serait incertain, car il n'aurait pu s'établir que sur la méridienne donnée par le plan même, et on sait que si les plans du cadastre ont une certaine exactitude, ce n'est pas toujours dans leur orientement; et dans une carte, c'est un point très-important.

Comme nous croyons que la meilleure manière de procéder à la réduction de ces divers plans est celle des carrés et des réseaux dont l'emploi est décrit au n° 94, nous la recommandons avec la conviction qu'on trouve en elle exactitude et célérité.

Quant aux écritures, teintes et détails statistiques que cette carte doit contenir, nous renvoyons aux instructions et *specimen* qui accompagnent la circulaire n° 501 de l'administration.

CANTONNEMENT DES DROITS D'USAGE.

102. Les opérations géodésiques dans les questions de cantonnement comprennent la délimitation générale, le levé de la forêt par nature de sol, la formation du plan d'ensemble et l'assiette de la partie à abandonner en propriété à l'usager.

Envisagée sous ce rapport, la mission du géomètre-expert ne sortirait pas du domaine de l'arpentage.

Mais comme nous croyons que les fonctions du géomètre, dans ce cas, ne se bornent pas seulement au levé du plan, qu'elles s'étendent encore à participer à l'estimation des produits de la forêt, à l'appréciation de sa possibilité et à la fixation en bois et en argent des droits de l'usager, il nous paraît utile d'indiquer au moins les éléments-pratiques qui servent de base au cantonnement.

Toutefois ne pouvant qu'effleurer cette matière assez compliquée, nous nous bornons à l'exemple d'un cantonnement effectué, moins encore pour l'approfondir que pour en tracer la marche, c'est-à-dire moins pour le donner comme modèle que pour faire sentir ce qui lui manque et ce qu'il faudrait y ajouter si la question de cantonnement était plus complexe et plus importante, car celle que nous exposons est des plus simples.

Le rapport qui suit est le nôtre comme expert et rédacteur.

RAPPORT

Des experts chargés du cantonnement à attribuer au sieur Mestanier, dans la forêt domaniale de Duesmes.

Monsieur le Préfet de la Côte-d'Or, le 1ᵉʳ mars 1839, a pris l'arrêté dont la teneur suit :

« Vu la décision de Monsieur le Ministre des finances, du 31 janvier
» 1839, par laquelle il nous autorise à faire procéder aux opérations
» préparatoires du cantonnement à attribuer en propriété au sieur
» Mestanier, à l'effet d'affranchir la forêt domaniale de Duesmes des
» droits d'usage dont cette forêt est grevée au profit du sieur Mestanier;

» Vu la lettre de Monsieur le Directeur des Domaines, en date du
» 18 février dernier ;

» Vu celle de Monsieur le Conservateur des Forêts, du 23 du même
» mois ;

» Vu les articles 113 et suivants de l'ordonnance réglementaire du
» Code forestier, et la décision ministérielle du 4 mars 1830. »

ARRÊTONS :

« ART. 1ᵉʳ. Sont nommés experts, à l'effet de procéder aux opérations
» préparatoires autorisées par la décision du 31 janvier précitée : 1° le
» sieur Didier-Martin Cousin, régisseur des forges, à Tarperon, hameau
» du canton d'Aignay, expert du choix de M. le Directeur des Domaines;
» 2° le sieur Poulain, Sous-Inspecteur des Forêts, à Châtillon, désigné
» par M. le Conservateur des Forêts; 3° le sieur Hennon, Arpenteur-
» Forestier, à Châtillon, expert à notre choix.

» ART. 2. Les experts sus-nommés procéderont aux opérations qut
» leur sont confiées, dans les formes prescrites par les réglements et
» conformément aux instructions sur la matière.

» ART. 3. Expédition du présent arrêté sera adressée à M. le Directeur
» des Domaines, à M. le Conservateur des Forêts et aux experts nom-
» més. »

En vertu de cet arrêté, nous soussignés, Cousin, Poulain, Hennon, experts désignés, nous sommes transportés dans la forêt domaniale de Duesmes, le 13 février 1842 et jours suivants, munis :

1° D'un plan d'une partie de cette forêt, levé en 1734 par l'arpenteur Delaperrière;

2° D'un extrait, fait par le sieur Hennon, l'un de nous, du plan cadastral de ladite forêt de Duesmes, composée de trois masses contenant ensemble 682 hectares;

3° De l'état dressé, le 24 février 1837, par M. Belfoy, Inspecteur des Forêts, à Châtillon, et contenant les renseignements statistiques qui lui avaient été demandés à l'effet de soumettre à l'autorité la question d'affranchissement du droit d'usage dont il s'agit ;

4° Des plans d'assiette et procès-verbaux d'estimation des coupes exploitées dans la forêt de Duesmes, de 1830 à 1841.

Arrivés sur les lieux, nous n'avons pas cru devoir procéder préalablement, ainsi que le prescrit l'instruction ministérielle du 4 mars 1830, art. 6, au lever du plan général de la forêt de Duesmes et à la fixation contradictoire de ses limites, attendu que le cantonnement dont nous étions appelés à poser les bases, ne portant que sur 17 ares environ de taillis , nous a paru pouvoir être établi sans une connaissance rigoureuse, longue et coûteuse, de la contenance de la forêt de Duesmes. Ses limites d'ailleurs sont fixées par des cordons bornés et des fossés ou murs secs bien déterminés qui ne laissent aucune incertitude à cet égard.

En conséquence, nous avons immédiatement procédé à l'estimation des produits en nature de la forêt: toutefois, et attendu que le droit de l'usager ne porte que sur le taillis, et que dès-lors c'est le prix de ce bois qui doit être le type de l'appréciation de son droit en argent, nous nous sommes attachés plus spécialement à l'estimation du taillis, laissant la futaie presque en dehors de cette opération préparatoire, sauf à y revenir lorsqu'il s'agira d'estimer la valeur du fonds et de la superficie de la partie de la forêt à attribuer à l'usager.

Après une visite attentive de chaque partie de la propriété, nous avons reconnu :

1° Que bien qu'il n'y ait pas d'aménagement régulier de la forêt de Duesmes, elle est exploitée en taillis sous futaie à la révolution de 27 ans, ainsi d'ailleurs qu'il résulte de l'état statistique, précité, du 24 février 1837, dressé par M. l'inspecteur Belfoy;

2° Que cette forêt se compose de trois massifs séparés, appelés : Forêt de Duesmes, Combe au Singey, Lentillière, provenant de l'abbaye d'Oigny et situés sur les territoires d'Oigny et d'Orret , contenant ensemble, d'après le cadastre, 682 hectares;

3° Que les vides et clairières y contenus , s'élèvent à peine à 5 hect.;

4° Que les essences y sont dans cette proportion: le chêne pour 1/10°, le hêtre pour 3/10°°, le charme pour 5/10°°, et les autres essences pour 1/10°;

5° Que, suivant un relevé fait par nous sur les procès-verbaux d'estimation des dix dernières années, la proportion des produits en nature est de 3/5°° pour le taillis et de 2/5°° pour la futaie;

6° Que le produit moyen du taillis a été de 138 stères par hectare, vendus à 3f 25° l'un, sur pied, au total 448f 50°, et avec la futaie 750f;

7° Que le nombre moyen de futaies réservées par hectare est de 4 anciens, 10 modernes et 75 baliveaux;

8° Que le prix moyen du stère de charpente, en 1841, a été de 30 fr., et le prix moyen du bois d'industrie (hêtre) de 20 fr.

Ces faits acquis, non comme bases rigoureuses, mais comme termes de comparaison avec les résultats de nos estimations propres , nous avons recherché trois places d'essai qui pussent porter à la fois sur la bonne, la médiocre et la mauvaise qualité du sol et du peuplement de la forêt de Duesmes, et nous croyons avoir trouvé ces types dans la partie même de cette forêt où sont les taillis de 25, 26 et 27 ans, terme ordinaire de leur révolution, c'est-à-dire dans le canton appelé le Gros-Fouteau, faisant partie de la masse dite Lentillère.

Nos trois places d'essai, dont chacune a été de 4 ares , ont donné pour résultat, savoir :

1°° portant sur la 1°° qualité. { Stères de chênes , charbonnette.	1°°	»°
Id. de charm., hêtres et autres, id.	7	»
2°° portant sur la 2°° qualité. { Stères de chênes , charbonnette.	1	»
Id. de charm., hêtres et autres, id.	4	40
3°° portant sur la 3°° qualité. { Stères de chênes , charbonnette.	»	60
Id. de charm., hêtres et autres, id.	2	40
A quoi il faut ajouter, pour les houpiers du taillis des 12 ares 150.	»	»
Bourrées, équivalent à 40 centistères de charbonnette. . . .	»	40
Total.	16	80

Dont le tiers exprime le produit en nature de 4 ares moyens, soit 5°° 60° qui, multipliés par 25, donnent pour terme moyen du produit d'un hectare de taillis mûr de la forêt de Duesmes, 140 stères, déduction faite, dans les calculs qui précèdent, du nombre de baliveaux réservés par hectare.

Ce produit s'éloigne de 2 stères de celui résultant des produits réels des coupes des dix dernières années; mais comme nous le croyons fondé sur une appréciation aussi exacte que possible , nous l'avons adopté comme type du prix de l'évaluation des droits de l'usager.

Quant à l'évaluation du sol de la forêt, nous avons pensé qu'en la faisant reposer (d'après une opinion émise par quelques auteurs d'économie forestière) sur les revenus permanents de la forêt, nous pourrions la déduire de ces revenus; mais comme, d'une part, ces revenus ne pourraient être connus qu'imparfaitement; et que de l'autre, le principe qui fait reposer sur cette base l'évaluation d'un fonds de bois, est et demeure controversé, nous avons cherché cette évaluation par le moyen qu'indique l'instruction du 4 mars 1830, c'est-à-dire d'après le prix courant des fonds de terres analogues dans le territoire où est située la forêt.

Il est résulté de notre examen, que le sol de la forêt de Duesmes peut être divisée en trois classes dont la première désignant une terre calcaire, mêlée d'alumine et assez substantielle, peut être assimilée aux terres de deuxième classe; la deuxième désignant une terre calcaire, légère et peu profonde aux terres arables de troisième classe, et la troisième désignant une terre calcaire, rocailleuse et maigre, aux terres arables de quatrième classe de la contrée.

Or, les terres de 2me classe du pays ayant une valeur vénale de 800^f l'hectare, les terres de 3me classe 450^f et les terres de 4me classe de 295^f.

La valeur du fonds des bois de la forêt est :

Première classe de	800^f l'hectare.
Deuxième classe de	450 *id.*
Troisième classe de	295 *id.*

Passant ensuite à l'examen des titres de l'usager , nous les avons trouvés établis dans le rapport précité du 24 février 1837 et nous en avons déduit ce qui suit :

1° Par bail emphitéotique du 3 juin 1577 ;

2° Par sentence du 24 novembre 1584,

Le sieur Vautherot (Etienne), fermier des terres de l'abbaye d'Oigny, avait droit , à titre de récompense des améliorations par lui faites aux dites terres, de prendre dans tous les bois de l'abbaye le bois nécessaire à l'entretien de ses harnais, au chauffage de son ménage et à la clôture de ses héritages, et plus tard, par transaction du 10 mars 1586, pour lui et ses successeurs, à perpétuité, de prendre bois de chêne pour faire réparer ses charriots, charrettes, charrues et autres harnais; bois pour les paisseaux de ses vignes et les cercles de ses tonneaux.

Mais en 1734 les bois de l'abbaye ayant été divisés en deux séries d'aménagement, l'habitude s'établit de faire délivrer annuellement par les adjudicataires des coupes de la deuxième série un tiers d'arpent de taillis pour desservir ce droit.

Cette habitude a toujours été maintenue depuis, et a été consacrée par un arrêté de préfecture du 13 mai 1817, approuvé par décision du Ministre des Finances du 6 février 1822.

L'usager qui est aujourd'hui le sieur Mestanier (Jean-Baptiste), propriétaire à Duesmes, ayant-droit du sieur Etienne Vautherot, exploite ordinairement pour ses besoins les 17 ares 2 centiares qui lui sont délivrés par l'adjudicataire des coupes, avec lequel il s'arrange à l'amiable, l'administration n'intervenant pas autrement dans ce mode de délivrance.

Ces déductions, conformes aux titres et documents sur le droit d'usage dont il s'agit, ne nous laissant aucun doute sur sa légitimité, et le mode de délivrance maintenu depuis 1734, sauf quelques interruptions, nous paraissant avoir desservi ce droit selon le vœu et l'esprit des actes qui le constituent, nous pensons que c'est sur la valeur de 17 ares 2 cent. moyens, du taillis mûr de la forêt de Duesmes, que doit être basé le cantonnement dont l'assiette nous est confié.

Or, d'après notre estimation, le produit moyen d'un hectare de taillis mûr étant de 140 stères y compris houpiers et branches, et le stère valant 3ᶠ 40ᶜ, prix moyen, la valeur d'un hectare de ce taillis mûr, sur pied, est de 476ᶠ, soit pour 17 ares, 2 centiares 81ᶠ 2ᶜ qui, capitalisés au taux de 5 p. ₀ˀ°, ainsi que le veut l'instruction, donnent un capital de 1620ᶠ 40ᶜ.

L'opinion émise par l'un de nous qu'il fallait ajouter à ce capital celui de l'impôt et des frais de garde, ne s'est pas soutenu devant l'arrêt de la cour royale de Nancy, du 13 février 1841, qui a décidé : « *Que* » *l'impôt tel qu'il est établi par la loi du 23 novembre 1790, est* » *considéré comme charge des fruits; et que c'est le motif pour* » *lequel les art. 608 et 635 du Code civil, assujétissent à le payer*

» *non-seulement l'usufruitier, mais encore l'usager dans la propor-*
» *tion de sa jouissance........; que par conséquent, il n'y a à ajouter*
» *au capital représentant la valeur des droits d'usage à cantonner,*
» *aucune somme pour le service des contributions à venir, ni pour*
» *les frais de garde et d'administration....... »*

Sans doute la jurisprudence de la cour royale de Nancy n'a pas toute l'autorité d'une loi; mais comme elle est d'accord avec l'usage en général et avec une décision ministérielle du 24 septembre 1827, nous avons d'autant moins hésité à nous y conformer que nous la trouvons fondée sur l'équité.

Pour concilier les intérêts de l'Etat avec ceux de l'usager, habitant du village de Duesmes, nous avons pensé, après examen attentif, que le canton de la forêt de Duesmes, dit Serpillonne, situé au nord-ouest du massif, contre les terres de Duesmes et une lisière de bois appartenant déjà au sieur Mestanier, était de nature à concilier ces intérêts, et qu'il convenait d'asseoir au nord de ce canton la partie à abandonner en fonds et superficie à l'usager.

Cette partie, exploitée pour l'ordinaire 1833, est située sur le territoire d'Orret; elle est limitée au nord par ladite lisière de bois du sieur Mestanier, où existent trois bornes perimétrales; à l'est, par un fossé et un mur sec bien déterminés construits en 1834, sur le bord des terres de Duesmes; au sud, elle le serait par la tranche qui la séparerait de la masse et qui serait ouverte à cet effet ; et à l'ouest elle est limitée par un fossé ouvert en 1834, le long des terres du territoire d'Orret.

Sa situation est assez fortement inclinée au nord, à l'est et à l'ouest, en regard du vallon de la Seine qui n'en est éloignée que de 150 mèt. au plus.

Son sol est calcaire, recouvert d'une terre végétale légère, partiellement alumineuse, et parsemée de roches nues et saillantes sur environ 20 ares de son étendue; ce sol ne peut dès-lors être assimilé qu'aux fonds de 3me classe de la forêt, qui, d'après nos bases arrêtées précédemment, est estimé 295^f l'hectare.

Le charme est l'essence dominante, et s'y trouve, avec les autres essences, dans la proportion indiquée plus haut.

La futaie, d'une qualité moyenne, y est dans la proportion d'environ neuf anciens et modernes et de cinquante baliveaux par hectare.

Le taillis , âgé de neuf ans , est assez serré et bien planté dans les parties inclinées; il est généralement excru de souches.

Un chemin de desserte traverse la partie nord de ce canton, de l'est à l'ouest.

Hors le droit d'usage du sieur Mestanier, il n'y en existe d'autre que celui de parcours, attribué aux communes de Duesmes, d'Oigny et d'Orret, dans une proportion qui ne paraît pas encore être régulièrement déterminée.

Le bois de feu est consommé par les usines métallurgiques sur le cours de la Seine; quelques stères seulement sont vendus dans les communes limitrophes. Le bois d'œuvre, sciage, charpente, a son écoulement dans les vignobles de Beaune et de Tonnerre.

Ce canton de bois est à 4 kilomètres de Baigneux, chef-lieu de canton; 2 kilomètres de Duesmes; 3 kilomètres d'Orret, et 30 kilomètres au sud de Châtillon, chef-lieu d'arrondissement.

Le dernier produit de ce canton, exploité en 1833, a été par hectare, de 5 stères de charpente, un stère d'industrie, 140 stères de charbonnette et 2,500 fagots, qui se sont vendus sur pied, savoir :

Les 5 stères de charpente, à 20^f l'un, soit	100^f	»
Le stère d'industrie, à 15^f, soit	15	»
Les 140 stères de charbon. et de chauf., à 2^f 60^c l'un, soit	364	»
Les 2,500 fagots, à 2^f le cent, soit	50	»
Total du produit d'un hectare	529	»

Le produit du taillis seul a été de 110 stères par hectare, à 2^f 60^c l'un, soit 286^f.

Après avoir obtenu ces données, le sieur Hennon, l'un de nous, a procédé à l'assiette d'une portion du cantonnement, au moyen d'une ligne légèrement ouverte de A en B (voir le plan fig. 104) et après cette opération, qui a donné pour résultat une contenance de 1 hect. 12 ares, nous avons procédé à l'estimation du fonds de cette étendue, dont le sol nous a paru pouvoir être assimilé au fonds de 3me classe de la forêt de Duesmes, et valoir par conséquent 295^f l'hectare, ainsi que nous l'avons établi précédemment, sans tenir compte des 20 ares de roches nues et improductives dont la déduction sera faite en son lieu.

Quant au taillis, il est composé de 5|10es de charmes, 3|10es de hêtres et de 2|10es de chênes et autres essences; mais en grande partie il est encore impropre à la charbonnette n'ayant que neuf ans de recru; néanmoins, nous estimons qu'il pourrait produire 38 stères de charbonnette à 2^f 90^c l'un, soit pour l'hectare 12 ares, 110^f 10^c.

La futaie se compose ainsi qu'il est exprimé au tableau qui suit :

ESSENCES.	Nombre.	Circonférence moyenne (m c)	Hauteur moyenne (m c)	Produits en stères — de charpente	Produits — de chauffage 1re qualité	Produits — de chauffage 2e qualité	Prix courant — de charpente	Prix — d'industrie	Prix — de chauffage 1re qualité	Prix — de chauffage 2e qualité	Produits totaux en argent
Chênes....	1	1 55	9 »								
Id.......	5	1 »	7 »	2 60	» »	5 »	30 »	20 »	» »	4 »	98 »
Id.......	2	» 70	7 50								
Baliveaux.	50	» 66	6 33	» »	22 15	5 »	» »	» »	4 40	4 »	117 46

Ramilles, estimées en bloc pour l'étendue	12	»
Valeur du taillis, estimé ci-dessus	110	20
Valeur de la superficie. . . .	337	66
Valeur du fonds, calculée sur une étendue de 92 ares, déduction faite des 20 ares environ de roches nues et improductives, à 295 fr. l'hect.	271	40
1er TOTAL. . . .	609	06

Cette somme étant inférieure à celle de 1620^f 40^c qui est le capital représentant le droit de l'usager, nous avons, par une autre ligne C D, augmenté de 1 hectare 42 ares la première étendue.

Le sol de cette deuxième étendue étant le même que celui de la première, toutefois sans aucune partie improductive, vaut, au prix de 295^f l'hectare, 418^f 90^c.

Le taillis est supérieur et plus fourni que le premier; il peut produire 70 stéres de charbonnette valant 2^f 90^c l'un, soit 203^f.

La futaie se compose comme il suit :

ESSENCES.	Nombre.	Circonférence moyenne (m c)	Hauteur moyenne (m c)	Produits en stères — de charpente	Produits — de chauffage 1re qualité	Produits — de chauffage 2e qualité	Prix courant — de charpente	Prix — d'industrie	Prix — de chauffage 1re qualité	Prix — de chauffage 2e qualité	Produits totaux en argent
Chênes....	3	1 15	8 33	2 40	» »	5 »	30 »	20 »	» »	4 »	83 »
Id.......	7	» 65	6 40								
Baliveaux.	84	» 66	6 33	» »	36 29	18 »	» »	» »	4 40	4 »	231 68

Ramilles, estimées en bloc pour l'étendue.	18	»
Valeur du taillis, estimé ci-dessus.	203	»
Valeur de la superficie. . . .	535	68
Valeur du fonds. . . .	418	90
2e TOTAL. . . .	954	58
Report du 1er total ci-dessus. . . .	609	06
A quoi il faut ajouter la valeur actuelle des murs et fossés de clôture ayant coûté 113 fr., mais que nous estimons à moitié, en raison de leur détérioration depuis neuf ans, soit..	56	50
TOTAL GÉNÉRAL. . . .	1620	14
Le capital demandé étant de	1620	40
Il y a identité à la différence près de.	»	26
D'où il résulte que la partie à attribuer au sieur Mestanier vaut, en fonds, sur une contenance de deux hectares cinquante-quatre ares.	690	30
En fossés et murs de clôture.	56	50
Et en superficie actuelle.	873	34
TOTAL PAREIL. . . .	1620	14

Tel est le résultat de notre opération; si après avoir été soumise à l'usager, il l'accepte, et si le gouvernement la sanctionne, il suffira pour fixer sur le terrain le cantonnement proposé, de maintenir la ligne C D en lui donnant un mètre de largeur et d'en fixer les extrémités et la direction intermédiaire par trois bornes taillées.

De tout quoi nous avons rédigé, en triple, le présent rapport et les plans ci-annexés que nous affirmons sincères et véritables.

CUBAGE DES BOIS EN GRUME ET ÉQUARRIS.

103. L'art de trouver la solidité ou le volume des corps de toute espèce, de les soumettre à telles formes et d'en faire telles sections qu'on souhaite, est l'objet de la stéréométrie proprement dite ; mais nous nous bornons à donner ici quelques méthodes pour le cubage des bois en grume et équarris, avec quelques exemples d'altimétrie ou de dendrométrie.

Les bois s'évaluent au stère et au mètre cube ; et comme leur calcul repose sur celui du volume des corps à surfaces courbes et planes, nous en reproduirons les formules.

Le corps dont le volume est le plus facilement mesuré est l'exaèdre ou le cube (fig. 81); c'est par lui qu'on mesure tous les autres volumes, pleins ou avec interstices.

Formule : le volume du cube est égal au produit de l'aire d'une de ses faces par l'épaisseur de cette même face.

Il est bon d'avoir sans cesse à l'esprit qu'un cube quelconque est composé d'autant de cubes ou d'exaèdres que peut en produire le cube de ses dimensions réduites à leurs plus petites parties.

Ainsi, les parties divisionnaires du mètre étant de 10, 100 et 1000, chacune de ces parties est la racine cubique du nombre de cubes compris dans celui du mètre, on trouve alors que ce cube en contient mille d'un décimètre, un million d'un centimètre, et un milliard d'un millimètre de côté.

Quand on veut tenir compte des chiffres décimaux, il ne faut pas oublier que les parties qu'ils expriment sont successivement le 10e, le 100e, etc., du mètre cube, et ne pas confondre le 10e du mètre cube avec le décimètre cube, puisque celui-ci est contenu mille fois dans un mètre cube.

Le 10e du mètre cube s'exprime ou par un décistère, ou par dix centistères, ou par cent millistères ou décimètres cubes; comme le décimètre cube s'exprime ou par un millistère, ou par mille centimètres cubes. Il faut donc prendre les chiffres décimaux de trois en trois pour avoir des mesures cubiques.

Un des corps dont le volume se mesure aussi très-facilement, est le parallélipipède rectangle (fig. 82).

Formule : son volume est égal au produit de l'aire de sa base par sa hauteur.

Le prisme oblique dont la base est un polygone quelconque et dont toutes les faces latérales sont des parallélogrammes (fig. 83.)

Formule : son volume est égal au produit de l'aire de sa base par sa hauteur.

Le prisme triangulaire dont la base est un triangle quelconque et dont les trois faces latérales sont aussi des parallélogrammes (fig. 84).

Formule : comme la précédente.

Le prisme triangulaire droit, à bases non parallèles (fig. 85).

Formule : son volume est égal au produit de l'aire de sa base inférieure par le tiers de la somme des trois côtés.

La pyramide , corps dont la base est un polygone quelconque et dont les autres faces sont des triangles aboutissant au même sommet (fig. 86).

Formule : son volume est égal à l'aire de sa base par le tiers de sa hauteur perpendiculaire.

La pyramide tronquée dont les bases sont des carrés.

Première formule : son volume est égal à la racine carrée du produit des deux bases, jointe à la somme de leurs surfaces, le tout multiplié par le tiers de la pyramide tronquée.

Ainsi, en donnant à A B C D (fig. 87) 36 décimètres carrés , à *a b c d* 16 décimètres carrés, on a :

$$\sqrt{36 \times 16} = 24 \text{ décimètres carrés},\ \text{puis } 36 + 16 +$$

$24 = 76 \times 4^m$ (tiers de la pyramide tronquée), il vient 304 , faisant 3 mètres cubes 04 centièmes.

Deuxième formule : son volume est égal à la pyramide entière , moins son complément ; et la différence des racines des deux bases est à la hauteur de la pyramide tronquée comme la racine plus faible est à la hauteur de la pyramide complémentaire. Ainsi on a :

$$6 - 4 = 2 : 12 :: 4 : x = 24.$$

D'où il vient $36 \times 12, - 16 \times 8, = 3,04$, comme à la première formule. (Cette deuxième formule m'appartient.)

Le cylindre droit ou perpendiculaire sur sa base qui est un cercle (fig. 88).

Première formule : sa superficie est égale au produit de sa circonférence par sa hauteur.

Deuxième formule : son volume est égal au produit de sa base par sa hauteur.

Le cône droit dont le sommet répond à plomb sur le centre du cercle qui forme sa base (fig. 89).

Première formule : sa superficie est égale au produit de sa base par la moitié de sa hauteur oblique.

Deuxième formule : son volume est égal au produit de sa base par le tiers de sa hauteur.

Le tronc de cône droit ou cône droit coupé parallèlelement à sa base (fig. 90).

Première formule : sa superficie est égale au produit de la somme des circonférences de ses deux bases par la moitié de son côté oblique.

Deuxième formule : comme aux première et deuxième formules de la pyramide tronquée.

La sphère ou boule parfaitement ronde (fig. 91).

Première formule : sa superficie est égale à l'aire du carré de son diamètre multiplié par 3,14.

Deuxième formule : sa superficie est égale à quatre fois l'aire de son grand cercle.

Troisième formule : son volume est égal au produit de sa superficie par le tiers de son rayon.

Les formules du cylindre servent à calculer les parties rondes des constructions, les litres, décalitres, arbres, colonnes, etc., supposés cylindriques.

Les formules de la sphère s'appliquent aux voûtes de four, de cave, etc.

Les formules du cône tronqué s'appliquent aux mesures de capacité, lorsque ces mesures ne sont pas cylindriques.

Quand il s'agit de trouver le nombre de mètres cubes contenus dans une masse de matériaux, on la transforme, par des coupes mentales, en prismes, cônes et pyramides.

Les opérations de toisé, qui se bornent à trouver l'aire des surfaces planes, sont très-simples : il ne s'agit que de diviser les surfaces en trapèzes, rectangles ou carrés; et, quand on veut avoir le nombre de mètres cubes, il suffit de chercher le produit des surfaces par leur épaisseur.

Dénomination des bois de commerce et éléments de cubage.

104. Les bois de charpente reçoivent diverses dénominations selon leur forme et leurs dimensions. On peut réduire ces dimensions à quatre principales :

1° Bois en grume : c'est l'arbre abattu et ébranché, mais non équarri ;

2° La poutre ou pièce d'échantillon : c'est l'arbre équarri des premières grosseurs ;

3° Le bois bâtard ou la solive : c'est une pièce de bois carrée, de grosseur moyenne, entre la poutre et le chevron ;

4° Le bois méplat, moins épais que large : c'est le bois de sciage ou la planche.

Les mesures pour le cubage de ces bois varient encore et sont différentes dans la plupart des localités, mais le gouvernement ne reconnaît que le stère ou mètre cube.

L'usage a consacré quatre manières principales de cuber les bois en grume :

1° En prenant pour mesure du pan d'équarrissage le tiers de la circonférence moyenne ;

2° En prenant le quart de cette circonférence ;

3° En déduisant le sixième ou le cinquième de cette circonférence, et en prenant le quart du reste.

La dernière méthode est plus près de la vérité.

On peut également prendre le cinquième de la circonférence moyenne pour pan d'équarrissage, c'est absolument la même chose.

Pour avoir la circonférence moyenne d'un arbre, c'est-à-dire la circonférence du milieu de sa tige, il est plusieurs moyens :

1° Si l'arbre est abattu, mesurez-le à son milieu; ou bien, mesurez-le à 1ᵐ 30 des racines pour première base, puis à son extrémité pour seconde base, la moitié de la somme de ces bases sera la circonférence moyenne à quelque chose près ;

2° Si l'arbre est sur pied, cherchez d'abord la hauteur de la tige à cuber, soit par le secteur, soit par l'un des moyens indiqués aux nᵒˢ 105-111, soit enfin par approximation comme dans les estimations à vue d'œil; mesurez ensuite sa circonférence à 1ᵐ 30 du sol, et défalquez-en six centimètres par mètre de hauteur, jusqu'au milieu de l'arbre pris entre 1ᵐ 30 du sol et l'extrémité que vous lui assignez (1), vous aurez sa circonférence moyenne.

Mais comme ceci nous amène à l'altimétrie ou dendrométrie, nous allons en poser plusieurs questions et les résoudre par des procédés dont quelques-uns nous appartiennent.

Altimétrie.

L'altimétrie est l'art de mesurer les hauteurs accessibles et inaccessibles.

---

(1) La décroissance des arbres n'est pas la même sur tous les sols : des forestiers la portent à 8 centimètres par mètre comme terme moyen; d'autres la généralisent en la fixant, pour tous les arbres, à une réduction d'un neuvième sur la circonférence mesurée à 1 m. 30 c. du sol; et il résulte de ces données des résultats très-différents. En effet, une circonférence de 1 m. 50 c. pour un arbre de 9 m. de hauteur, serait réduite, selon le premier système, à 1 m. 20 c., et d'après le second, à 1 m. 33. Nous pensons que la moyenne de ces termes, qui est de 6 centimètres par mètre pour la décroissance, est la plus rationnelle dans les opérations ordinaires.

Cet art renferme plusieurs méthodes dont je vais me borner à faire connaître un petit nombre des meilleures et des plus simples.

105. *Soit à mesurer la hauteur de la pyramide A B* (fig. 92)
avec deux bâtons.

Je suppose le sol B H horizontal à très-peu près :

Après avoir planté verticalement le bâton E F à une distance de 10 à 20 mètres du pied de la pyramide, enfoncez l'autre bâton G H à un mètre plus loin, jusqu'à ce que leurs bouts G et E soient en ligne de A.

Supposant qu'on a porté la hauteur G H en B C, on aura le triangle G E I semblable au triangle G A C : d'où, après avoir chaîné la distance B H, on a :

$$GI : IE :: GC : CA.$$

Ajoutez-y C B, la somme sera $=$ B A cherché.

Ce procédé est assez prompt, mais il n'est pas très-exact. Un graphomètre ou une équerre donnerait plus de précision.

Exemple.

106. *Soit la même pyramide* (fig. 93) :

Posez sur un point à volonté le graphomètre G R C de manière que son plan soit dans une situation verticale, et sa ligne zéro horizontale. Après avoir fait marquer en A un point correspondant au niveau de cette ligne zéro, tournez l'alidade G R jusqu'à ce que vous découvriez, par les pinnules ou la lunette, le sommet S, vous formerez l'angle S C A. La ligne C A étant mesurée, on a un triangle rectangle S A C dont on peut déterminer le côté S A, auquel on ajoute la hauteur A P pour avoir celle P S.

107. Quand le pied de l'objet à déterminer est inaccessible, c'est-à-dire qu'on ne peut point arriver jusqu'à son axe, on cherche cette distance par le procédé suivant qui donne en même temps la hauteur de l'objet, sans calcul (fig. 94).

Mettez l'alidade de l'instrument à 45° ; placez-vous à une distance à peu près égale à celle de la hauteur de la pyramide A B ; avancez ou reculez jusqu'à ce que votre lunette soit exactement sur B ; du point C, où vous êtes, élevez une perpendiculaire C D ; marchez sur cette ligne jusqu'au point où votre instrument, remis dans une position horizontale, forme un angle A D C de 45° ; mesurez cette ligne C D, vous aurez à la fois A B et C A, car dans les deux triangles semblables et égaux, A B = A C, comme C D = A C.

Il n'est nécessaire de faire un angle de 45° que si l'on veut avoir en même temps la distance au centre de l'objet, car pour obtenir sa hauteur seulement, il suffit de se placer à un point quelconque, d'observer l'angle A C B pour ce qu'il vaut, et de faire l'angle C D A égal à l'angle A B C qui est le complément de l'angle observé A C B.

108. D'un point donné trouver sans déplacement la distance de ce point au pied central d'un édifice dont la hauteur est connue.

Soit, du point C, à trouver la distance C B (fig. 95).

De C, mesurez avec un graphomètre l'angle A C B, puis l'angle B C D dont le rayon C D est pris horizontalement, vous aurez l'angle B C D complément de l'angle D B C, d'où vous pouvez déterminer B C par la connaissance d'un côté et de deux angles (n° 20).

Si le pied de l'objet à déterminer était plus haut que le point de station (fig. 96), il faudrait, après avoir observé l'angle A C B, et pour trouver l'angle B A C, observer l'angle de son complément A C D sur une horizontale C D.

109. *Trouver la hauteur d'une montagne A B par rapport au point C, et ensuite la distance de ce point au sommet A inaccessible* (fig. 97).

De C faites porter un jalon en D ; observez l'angle A C D, il sera égal à l'angle B C D, car le rayon B C est la projection horizontale du rayon A C. Mesurez la base C D et observez l'angle A D C dont B D est aussi la projection horizontale. Trouvez les côtés B C et B D par le principe du n° 21, et avec un niveau sur le champ du graphomètre, observez l'angle d'inclinaison A C B, vous aurez un triangle rectangle dont vous connaîtrez les angles et un côté B C ; il vous sera facile de trouver son hypothénuse A C, puis son côté A B, hauteur de la montagne relativement à C.

110. Il est d'autres moyens plus simples d'obtenir les hauteurs, soit par l'ombre que les objets projettent et quand on sait la hauteur du soleil sur l'horizon, soit par cette ombre comparée à celle d'un autre corps exactement connu, comme fit *Thalès* pour avoir la hauteur des pyramides d'Egypte ; mais ces moyens n'offrent pas assez de précision pour que l'usage en soit recommandé.

Je passerai donc à des procédés plus nouveaux et plus prompts, tels que l'exigent les estimations et inventaires de futaies dans les forêts.

11. Jusqu'ici, les divers dendromètres inventés par

MM. *Nollet, Barrande, Huet* et autres, bien qu'assez ingé-
nieux, ont, dans l'application, peu réalisé leurs promes-
ses ; nul du moins ne m'a paru présenter assez de simplicité dans son usage, ni surtout assez de célérité dans ses
résultats ; et comme c'est là cependant le seul but de ces
instruments, à mon tour j'en ai cherché un qui, exempt de
ces inconvénients, pût encore, sans l'embarras d'un pied
ou d'un support, être employé par le garde le moins intel-
ligent, et je crois l'avoir trouvé dans mon secteur à réflexion
qui, par l'inclinaison verticale de son plan, et au moyen
d'une base de 10, 15 ou 20 mètres (1), donne immédiatement la hauteur d'un arbre quelconque à moins d'un
vingtième près.

Sa description est simple :

Sur la tablette du secteur décrit au nº 4 *bis*, est gravée
une portion de cercle **E F** (fig. 98), donnant la division et
la mesure des tangentes naturelles, des angles obtenus par
l'instrument, tangentes calculées sur un rayon de dix
mètres et représentant la hauteur des arbres observés.
L'alidade mobile **D V** fonctionne comme pour la mesure
des angles (nº 4 *bis*), et contient de plus un bec **V**, servant
de vernier.

Soit à déterminer la hauteur de l'arbre **P R** (fig. 99).

Après avoir mesuré une base **P O** de 10 mètres, et, de
ce point, établi à la hauteur et au jugement de mon œil,
l'horizontale **D N** indiquée sur l'arbre par la main de celui

---

(1) Après beaucoup d'essais tentés pour la mesure des bases, le
chaînage direct est encore le moyen le plus praticable, le plus expéditif
et le plus sûr.

qui m'accompagne, je prends le secteur avec la main gauche par sa poignée sous la tablette, je dirige D E sur R en tenant verticalement le plan de l'instrument, et je le maintiens dans cette position le plus immuablement possible ; quand je vois le point R affleurer la partie étamée du miroir E, je meus l'alidade D V vers E F jusqu'à ce que la main du garde placé en N vienne se réfléchir sur le miroir E en contact avec le point R, ce qui me donne, en x (fig. 98), une tangente de 15ᵐ 40 environ, représentant la hauteur N R, à laquelle j'ajoute celle N P que me donne le garde qui, mesurant en même temps la grosseur de l'arbre, complète ainsi tous les éléments de sa cubature.

Si l'arbre était tellement élevé qu'une base de dix mètres parût trop courte, ou si l'on ne pouvait y stationner, on prendrait cette base de 20 mètres et l'on doublerait le résultat du secteur ; si la base était de 15 mètres, la hauteur donnée, plus sa moitié, seraient la hauteur N R.

A ces procédés je sais ce qu'on peut objecter ; car, en apparence, l'usage de l'instrument offre des inconvénients, puisqu'il exige : 1° la présence de deux hommes ; 2° le chaînage d'une base ; 3° l'accès du pied de l'arbre ; 4° un coup-d'œil sûr pour juger de l'horizontale D N.

Mais je réponds :

1° Par le concours de deux hommes, l'opération ne dure que moitié du temps exigé par tout autre procédé ;

2° Les moyens indiqués pour évaluer toute base sans la chaîner, sont plus longs que l'opération du chaînage quand le pied de l'arbre est accessible (et il l'est 99 fois sur 100) ; car, d'après ma méthode, quand on est arrivé à 10 mètres environ du pied de l'arbre, un seul homme s'y transporte tenant un bout de la chaîne, tandis que l'observateur, après l'avoir tendue, se place à l'autre bout presque sans dérangement, et peut faire le reste de l'opération en moins d'une minute. Il est vrai que, dans les taillis fourrés, ce moyen présente quelque embarras, mais je ne connais nul procédé qui en soit exempt.

3° Les moyens si prônés d'évaluer à distance la circonférence ou le diamètre des arbres, reconnus longs et fautifs, sont partout délaissés pour la méthode la plus naturelle, celle de mesurer l'arbre à 1ᵐ 50 du sol, avec un ruban divisé, et d'en déduire la circonférence moyenne par le principe de la décroissance des arbres, qui est de 6 à 7 centimètres par mètre de hauteur, ainsi qu'il est dit à la note du n° 104;

4° Une erreur de 2 ou 3 degrés sur l'horizontale D N, et c'est la plus grande qu'on puisse faire, donne à peine 2 à 4 décimètres de différence sur la hauteur réelle de l'arbre.

Au surplus, quels que soient les moyens ordinaires, car les moyens rigoureux sont trop longs, employés pour obtenir la hauteur et surtout la circonférence des arbres, ils ne seront jamais qu'approximatifs puisque les tiges ne sont ni des cylindres ni des cônes tronqués parfaits : d'où il importe que les procédés, qui ont la rigueur désirable, soient préférés quand ils sont les plus expéditifs, et tels sont, je crois, ceux de mon secteur à réflexion.

Cet instrument, qui a aussi la propriété de mesurer les angles dans les opérations d'arpentage, ainsi qu'il est expliqué au n° 4 *bis*, se vend, renfermé dans sa boîte, au prix de 25 francs, chez l'auteur, à Cosne.

Dans l'usage ordinaire, la plupart des forestiers, ceux qui ont l'expérience des estimations de bois sur pied, évaluent à l'œil aussi bien la hauteur et le volume des arbres que les produits des taillis, et j'en ai vus qui obtenaient es résultats étonnants de vérité; mais comme cette sûreté de coup-d'œil demande un long apprentissage, que ce n'est qu'après avoir vu et comparé bien des bois, bien des exploitations qu'on peut arriver à cette exactitude, qu'il est même beaucoup d'agents qui n'y arrivent jamais, il faut à ceux-là des instruments qui les aident, et voici les procédés qu'ils emploient le plus généralement (fig. 100).

Avec une tablette en bois formant un triangle rectangle isoscèle de deux décimètres de côté environ, mais échancré par un de ses angles aigus, ce qui lui donne la forme d'un trapèze, et contenant derrière une petite poignée, dirigez l'un des rayons, comme A B, sur le pied P de l'arbre, et reculez ou avancez jusqu'à ce que le rayon supérieur A C du même angle coïncide avec l'extrémité de la tige, chaînez A P, ce sera, avec P S, la hauteur de l'arbre S D.

Ou bien (fig. 101) :

Placez-vous à une distance à peu près égale à la hauteur de l'arbre, dirigez A B sur P, voyez où s'arrête sur la tige la direction A C, évaluez à l'œil la hauteur D E à laquelle vous ajouterez les longueurs A P et P S, vous aurez également la hauteur de l'arbre S E.

Si la direction A C tombait au-dessus de E (fig. 102), comme en F, il faudrait soustraire E F de S F pour avoir S E.

Ou bien (fig. 103) :

Après avoir placé le long de l'arbre une perche de 3 ou 4 mètres de longueur, reculez et jugez à l'œil combien de fois cette perche est comprise dans la tige à mesurer.

Ce moyen n'est pas très-exact, mais il est prompt en ce

qu'il épargne le temps de mesurer une base ; toutefois, l'embarras qu'occasionne la perche , le rend peu praticable , surtout dans les taillis jeunes et fourrés.

D'où nous pensons que notre secteur a un avantage réel sur ces procédés puisqu'avec autant de célérité il a évidemment plus de précision.

Après cet exposé des moyens d'obtenir les éléments de la cubature des arbres , il nous resterait à donner une table ou un tarif qui en exprimât exactement le volume calculé au cinquième, au sixième, au quart de la circonférence , en grume ou écorce, et à cet effet nous n'aurions qu'à joindre à ce livre la table de cubage que nous avons publiée en 1836, offrant sur une même ligne ces produits comparés depuis 1 décimètre jusqu'à 4 mètres de circonférence , calculés de 8 en 8 centimètres environ ; mais ce tarif, qui a été reproduit en 1844 par M. Lichtlin , sous-inspecteur des forêts à Grenoble , avec quelques modifications dans ses colonnes, et presque mot pour mot dans son avertissement et son *Usage* , ce qui a bien un peu le caractère d'une contrefaçon, ce tarif, disons-nous , doit être aujourd'hui si répandu parmi les agents-forestiers , que le reproduire de nouveau serait sans doute une surabondance qui lui ôterait son utilité.

Cependant, comme nous savons que dans l'usage ordinaire les agents-forestiers ne comptent les circonférences des arbres que de 25 en 25 centimètres , et leurs hauteurs que de 50 en 50 centimètres, et même de mètre en mètre, nous donnons ci-après une petite table exprimant les produits des arbres depuis 25 centimètres jusqu'à 4 mètres de circonférence , sur 1 mètre de hauteur.

TABLE DE CUBAGE.

CIRCONFÉRENCE.	VOLUME			
	au 5ᵉ déduit.	au 6ᵉ déduit.	au quart de la circonférence.	en grume.
m. c.	st. »	st. »	st. »	st. »
» 25	0 0025	0 0027	0 0039	0 005
» 50	0 010	0 011	0 016	0 020
» 75	0 022	0 024	0 035	0 044
1 »	0 040	0 043	0 062	0 080
1 25	0 062	0 068	0 098	0 124
1 50	0 090	0 098	0 141	0 180
1 75	0 122	0 133	0 191	0 244
2 »	0 160	0 174	0 250	0 319
2 25	0 202	0 221	0 316	0 403
2 50	0 250	0 271	0 390	0 497
2 75	0 302	0 328	0 473	0 602
3 »	0 360	0 391	0 562	0 716
3 25	0 422	0 458	0 660	0 840
3 50	0 490	0 531	0 766	0 974
3 75	0 562	0 610	0 879	1 118
4 »	0 640	0 694	1 000	1 272

Voici l'usage de cette table :

PREMIER EXEMPLE.

Soit à trouver le volume d'un arbre de 2ᵐ 25 de circonférence et de 12ᵐ de hauteur, au cinquième déduit.

En regard de 2ᵐ 25 de la première colonne, vous avez 202 millistères qui, × 12ᵐ (hauteur de l'arbre) = 2 stères 424 millistères.

DEUXIÈME EXEMPLE.

Soit à trouver le volume, au sixième déduit, de quinze arbres d'une même circonférence de 1ᵐ 75 et de diverses hauteurs, formant ensemble 145ᵐ.

Le chiffre de la troisième colonne en regard de 1ᵐ 75, c'est-à-dire 133 × 145 = 19 stères 285 millistères.

Dans la pratique, il est bon de remarquer que le volume d'un arbre en grume est double, à une très-petite fraction près, du volume de ce même arbre, au cinquième déduit.

L'objection qui pourrait être faite contre l'obligation de chercher par une multiplication le volume demandé, aurait peu de valeur; car il n'existe et ne peut exister aucun tarif qui ait assez d'étendue pour épargner entièrement cette opération. Celui de M. Lichtlin, il est vrai, donne les produits jusqu'à cent mètres de hauteur; mais comme il arrive souvent que la réunion des hauteurs des arbres de même grosseur, dépasse ce chiffre, il y a nécessité de faire l'opération en deux fois et d'additionner les deux nombres, ce qui est certainement plus long que de la faire en une par mon procédé.

Je dis plus : la somme des hauteurs ne s'élèverait-elle qu'à 50 mètres, il est plus long d'en trouver le produit, bien que tout fait, dans une table volumineuse que de l'obtenir par ma méthode.

Qu'on en fasse l'essai pour s'en convaincre.

Lorsqu'une circonférence est de plus de 4 mètres, ce qui est extrêmement rare, on cherche son produit par sa demi-circonférence et on le multiplie par 4.

Ainsi, 250 millistères (produit d'un arbre de $2^m 50$ de tour) $\times 4 = 1$ stère, produit d'un arbre de 5 mètres de tour. Il est bien entendu que ces circonférences sont les moyennes obtenues soit par le principe de la note du n° 104, soit par tout autre.

Bien qu'une table sur la progression des taillis, une autre sur le nombre de stères donnés par un hectare sur divers sols, une autre sur les interstices des bois cordés, n'entrent pas nécessairement dans notre cadre, nous ne les croyons cependant pas inutiles aux géomètres forestiers puisque la plupart sont aujourd'hui des agents destinés aux deux branches du service actif.

Ces trois tables expriment une espèce de terme moyen entre les résultats de MM. Cotta, Hartig, Noirot-Bonnet et les nôtres.

TABLE

de la progression des taillis.

(Intérêts à 4 pour cent.)

AGE du RECRU.	AMÉNAGEMENT		
	à 20 ans.	à 25 ans.	à 30 ans.
	Coefficients.	Coefficients.	Coefficients.
1	34	24	18
2	69	49	36
3	105	75	56
4	143	102	76
5	182	130	97
6	223	159	118
7	265	190	141
8	309	221	164
9	355	254	189
10	403	288	214
11	453	324	240
12	505	361	268
13	558	400	296
14	614	439	326
15	672	481	357
16	733	524	389
17	796	569	423
18	861	616	457
19	929	664	493
20	»	715	531
21	»	768	570
22	»	822	611
23	»	879	653
24	»	938	697
25	»	»	743
26	»	»	790
27	»	»	840
28	»	»	891
29	»	»	944
TOTAUX.	8,209	9,992	11,628

L'usage de cette table est facile : supposons qu'un hectare de taillis vaut 620 fr. à 25 ans, on demande ce qu'il vaut à 12 ans.

Le coefficient de 12 ans × 620 fr., donne cette valeur. Ainsi, 361 × 620 = 223 fr. 82 c.

TABLEAU

du nombre de stères de taillis donnés par un hectare sur divers sols.

AGE du TAILLIS.	SOL DE					
	1re classe.	2e classe.	3e classe.	4e classe.	5e classe.	6e classe.
10	80	62	54	40	18	18
15	125	95	87	65	32	31
20	180	136	120	100	54	49
25	234	175	160	135	75	61
30	290	217	200	170	95	75
35	345	258	240	203	110	88
40	400	300	285	235	125	100

Pour se servir de cette table, il suffit de savoir le nombre de stères que produit un hectare du taillis de l'aménagement où l'on opère; si ce nombre est, je suppose, de 140 stères à 25 ans, cherchez dans le tableau le nombre le plus rapproché, vous trouverez 135, et votre taillis peut être assimilé, à quelque chose près, à la quatrième classe.

TABLEAU

du volume réel et des interstices d'une corde de bois de 4 stères.

ESSENCES.	NOMBRE de bûches.	VOLUME réel DES 4 STÈRES cordés.	INTERSTICES.	RETRAIT approximatif après six mois de dessication.
Bois de 1re tige.				
Chêne. . .	90 à 110	2 40	1 60	0 08
Hêtre. . .	80 à 100	2 64	1 36	0 12
Charme . .	120 à 150	2 44	1 56	0 08
Frêne. . .	120 à 150	2 72	1 28	0 16
Orme. . .	120 à 150	2 52	1 48	0 16
Bois de branches.				
Chêne. . .	120 à 170	1 88	2 12	0 20
Hêtre. . .	125 à 180	2 »	2 »	0 20
Charme . .	140 à 190	1 88	2 12	0 12
Rondin de taillis.				
Diverses . .	170 à 260	2 »	2 »	0 32

Dans les localités où la bûche a 1^m 16 de longueur
(3 pieds 1/2), le moule de la corde est ou un rectangle de
2^m 65 de base sur 1^m 30 de hauteur, ou un carré de 1^m 86
de côté (5 pieds 1/2 forts). Là où la bûche est de 1^m 33
(4 pieds), le moule est un rectangle de 2^m 30 sur 1^m 30,
ou un carré de 1^m 73 de côté (5 pieds 3 pouces).

11

TABLE

des sinus et co-sinus naturels pour tous les degrés du quart de cercle, de 6 en 6 minutes , et pour un rayon de 1000 parties.

Deg.	Min.	Sinus.	Co-sinus.	Min.	Deg.	Deg.	Min.	Sinus.	Co-sinus.	Min.	Deg.
0	0	000,0	0000,0	»	»	4	»	069,8	997,6	8	»
	6	001,7	1000,0	54			6	071,5	997,5	54	
	12	003,5	1000,0	48			12	073,4	997,5	48	
	18	005,2	999,9	42			18	075,0	997,4	42	
	24	006,9	999,9	36			24	076,7	997,3	36	
	30	008,6	999,9	30			30	078,6	997,2	30	
	36	010,3	999,9	24			36	081,3	997,0	24	
	42	012,0	999,9	18			42	083,0	996,8	18	
	48	013,7	999,9	12			48	084,6	996,6	12	
	54	015,5	999,8	6			54	086,0	996,4	6	
1	»	017,4	999,8	»	89	5	»	087,2	996,2	»	85
	6	019,2	999,8	54			6	088,9	996,2	54	
	12	020,9	999,8	48			12	090,6	996,0	48	
	18	022,7	999,7	42			18	092,3	995,8	42	
	24	024,4	999,7	36			24	094,0	995,6	36	
	30	026,1	999,6	30			30	095,7	995,5	30	
	36	027,9	999,6	24			36	097,4	995,4	24	
	42	029,6	999,5	18			42	099,0	995,2	18	
	48	031,4	999,5	12			48	101,0	995,0	12	
	54	033,2	999,4	6			54	102,8	994,7	6	
2	»	034,9	999,4	»	88	6	»	104,5	994,5	»	84
	6	036,6	999,3	54			6	106,0	994,3	54	
	12	038,4	999,3	48			12	108,0	994,1	48	
	18	040,2	999,2	42			18	110,0	993,9	42	
	24	042,0	999,1	36			24	112,0	993,7	36	
	30	043,7	999,0	30			30	113,0	993,5	30	
	36	045,5	998,9	24			36	114,0	993,3	24	
	42	047,3	998,8	18			42	116,0	993,1	18	
	48	049,0	998,7	12			48	118,0	992,9	12	
	54	050,7	998,6	6			54	120,0	992,7	6	
3	»	052,3	998,6	»	87	7	»	121,9	992,5	»	83
	6	053,9	998,5	54			6	124,0	992,3	54	
	12	055,7	998,4	48			12	125,0	992,0	48	
	18	057,0	998,3	42			18	126,0	991,8	42	
	24	058,7	998,2	36			24	128,0	991,6	36	
	30	060,5	998,1	30			30	130,0	991,4	30	
	36	062,4	998,0	24			36	132,0	991,2	24	
	42	064,0	997,9	18			42	134,0	991,0	18	
	48	066,0	997,8	12			48	135,0	990,7	12	
	54	068,0	997,7	6			54	137,0	990,5	6	
4	»	069,8	997,6	»	86	8	»	139,2	990,3	»	82

Deg.	Min.	Sinus.	Co-sinus.	Min.	Deg.	Deg.	Min.	Sinus.	Co-sinus.	Min.	Deg.
8	»	139,2	990,3	»	82	13	»	224,9	974,4	»	77
	6	141,0	990,0	54			6	226,6	974,0	54	
	12	142,0	989,8	48			12	228,3	973,6	48	
	18	144,0	989,6	42			18	230,0	973,2	42	
	24	146,0	989,3	36			24	231,7	972,8	36	
	30	147,0	989,0	30			30	233,4	972,4	30	
	36	149,0	988,7	24			36	235,1	972,0	24	
	42	150,0	988,4	18			42	236,8	971,5	18	
	48	152,0	988,2	12			48	238,5	971,1	12	
	54	154,0	988,0	6			54	240,0	970,7	6	
9	»	156,4	987,7	»	81	14	»	241,9	970,3	»	76
	6	158,0	987,4	54			6	243,6	969,9	54	
	12	159,6	987,1	48			12	245,3	969,4	48	
	18	161,0	986,8	42			18	247,0	969,0	42	
	24	162,6	986,6	36			24	248,7	968,6	36	
	30	164,0	986,3	30			30	250,4	968,1	30	
	36	165,0	986,0	24			36	252,1	967,7	24	
	42	167,0	985,7	18			42	253,7	967,3	18	
	48	169,0	985,4	12			48	255,4	966,8	12	
	54	171,0	985,1	6			54	257,1	966,4	6	
10	»	173,6	984,8	»	80	15	»	258,8	965,9	»	75
	6	175,4	984,5	54			6	260,5	965,5	54	
	12	177,1	984,2	48			12	262,2	965,0	48	
	18	178,8	983,9	42			18	263,9	964,5	42	
	24	180,5	983,6	36			24	265,5	964,1	36	
	30	182,2	983,2	30			30	267,2	963,6	30	
	36	183,9	982,9	24			36	268,9	963,2	24	
	42	185,7	982,6	18			42	270,6	962,7	18	
	48	187,4	982,3	12			48	272,3	962,2	12	
	54	189,1	982,0	6			54	273,9	961,7	6	
11	»	190,8	981,6	»	79	16	»	275,6	961,3	»	74
	6	192,5	981,3	54			6	277,3	960,8	54	
	12	194,2	981,0	48			12	279,0	960,3	48	
	18	195,9	980,6	42			18	280,7	959,8	42	
	24	197,7	980,3	36			24	282,3	959,3	36	
	30	199,4	979,9	30			30	284,0	958,8	30	
	36	201,1	979,6	24			36	285,7	958,3	24	
	42	202,8	979,2	18			42	287,4	957,8	18	
	48	204,5	978,9	12			48	289,0	957,3	12	
	54	206,2	978,5	6			54	290,7	956,8	6	
12	»	207,9	978,1	»	78	17	»	292,4	956,3	»	73
	6	209,6	977,8	54			6	294,0	955,8	54	
	12	211,3	977,4	48			12	295,7	955,3	48	
	18	213,0	977,0	42			18	297,4	954,8	42	
	24	214,7	976,7	36			24	399,0	954,2	36	
	30	216,4	976,3	30			30	300,7	953,7	30	
	36	218,1	975,9	24			36	302,4	953,2	24	
	42	219,8	975,5	18			42	304,0	952,7	18	
	48	221,5	975,1	12			48	305,7	952,1	12	
	54	223,2	974,8	6			54	307,3	951,6	6	
13	»	224,9	974,4	»	77	18	»	309,0	951,0	»	72

Deg.	Min.	Sinus.	Co-sinus.	Min.	Deg.	Deg.	Min.	Sinus.	Co-sinus.	Min.	Deg.
18	»	309,0	951,0	»	72	23	»	390,7	920,5	»	67
	6	310,7	950,5	54			6	392,3	919,8	54	
	12	312,3	950,0	48			12	393,9	919,1	48	
	18	314,0	949,4	42			18	395,5	918,4	42	
	24	315,6	948,9	36			24	397,1	917,7	36	
	30	317,3	948,3	30			30	398,7	917,1	30	
	36	318,9	947,8	24			36	400,3	916,4	24	
	42	320,6	947,2	18			42	401,9	915,7	18	
	48	322,2	946,6	12			48	403,5	914,9	12	
	54	323,9	946,0	6			54	405,1	914,2	6	
19	»	325,6	945,5	»	71	24	»	406,7	913,5	»	66
	6	327,2	944,9	54			6	408,6	912,8	54	
	12	328,9	944,4	48			12	409,9	912,1	48	
	18	330,5	943,8	42			18	411,5	911,4	42	
	24	332,2	943,2	36			24	413,1	910,7	36	
	30	333,8	942,6	30			30	414,7	910,0	30	
	36	335,4	942,0	24			36	416,3	909,2	24	
	42	337,1	941,5	18			42	417,9	908,5	18	
	48	338,7	940,9	12			48	419,4	907,8	12	
	54	340,4	940,3	6			54	421,0	907,0	6	
20	»	342,0	939,7	»	70	25	»	422,6	906,3	»	65
	6	343,6	939,1	54			6	424,2	905,6	54	
	12	345,3	938,5	48			12	425,8	904,8	48	
	18	346,9	937,9	42			18	427,3	904,1	42	
	24	348,6	937,3	36			24	428,9	903,3	36	
	30	350,2	936,7	30			30	430,5	902,6	30	
	36	351,8	936,0	24			36	432,1	901,8	24	
	42	353,5	935,4	18			42	433,6	901,1	18	
	48	355,1	934,8	12			48	435,2	900,3	12	
	54	356,7	934,2	6			54	436,8	899,5	6	
21	»	358,4	933,6	»	69	26	»	438,4	898,8	»	64
	6	360,0	932,9	54			6	439,9	898,0	54	
	12	361,6	932,3	48			12	441,5	897,2	48	
	18	363,2	931,7	42			18	443,1	896,5	42	
	24	364,9	931,0	36			24	444,6	895,7	36	
	30	366,5	930,4	30			30	446,2	894,9	30	
	36	368,1	929,	24			36	447,7	894,1	24	
	42	379,7	929,1	18			42	449,3	893,4	18	
	48	371,4	928,5	12			48	450,9	892,6	12	
	54	373,0	927,8	6			54	452,4	891,8	6	
22	»	374,6	927,2	»	68	27	»	454,0	891,0	»	63
	6	376,2	926,5	54			6	455,5	890,2	54	
	12	377,8	925,9	48			12	457,1	889,4	48	
	18	379,4	925,2	42			18	458,6	888,6	42	
	24	381,	924,5	36			24	460,2	887,8	36	
	30	382,7	923,9	30			30	461,7	887,0	30	
	36	384,3	923,2	24			36	463,3	886,2	24	
	42	385,9	922,5	18			42	464,8	885,4	18	
	48	387,5	921,9	12			48	466,4	884,6	12	
	54	389,1	921,2	6			54	467,9	883,8	6	
23	»	390,7	920,5	»	67	28	»	469,5	882,9	»	62

Deg.	Min.	Sinus.	Co-sinus.	Min.	Deg.	Deg.	Min.	Sinus.	Co-sinus.	Min.	Deg.
28	»	469,5	882,9	»	62	33	»	544,6	838,7	»	57
	6	471,0	882,1	54			6	546,1	837,7	54	
	12	472,5	881,3	48			12	547,6	836,8	48	
	18	474,1	880,5	42			18	549,0	835,8	42	
	24	475,6	879,6	36			24	550,5	834,8	36	
	30	477,1	878,8	30			30	551,9	833,9	30	
	36	478,7	878,0	24			36	553,4	832,9	24	
	42	480,2	877,1	18			42	554,8	831,9	18	
	48	481,7	876,3	12			48	556,3	831,0	12	
	54	483,3	875,5	6			54	557,7	830,0	6	
29	»	484,8	874,6	»	61	34	»	559,2	829,0	»	56
	6	486,3	873,8	54			6	560,6	828,1	54	
	12	487,8	872,9	48			12	562,1	827,1	48	
	18	489,4	872,1	42			18	563,5	826,1	42	
	24	490,9	871,2	36			24	565,0	825,1	36	
	30	492,4	870,3	30			30	566,4	824,1	30	
	36	493,9	869,5	24			36	567,8	823,1	24	
	42	495,4	868,6	18			42	569,3	822,1	18	
	48	497,0	867,8	12			48	570,7	821,1	12	
	54	498,5	866,9	6			54	572,1	820,1	6	
30	»	500,0	866,0	»	60	35	»	573,6	819,1	»	55
	6	501,5	865,1	54			6	575,0	818,1	54	
	12	503,0	864,3	48			12	576,4	817,1	48	
	18	504,5	863,4	42			18	577,8	816,1	42	
	24	506,0	862,5	36			24	579,3	815,1	36	
	30	507,5	861,6	30			30	580,7	814,1	30	
	36	509,0	860,7	24			36	582,1	813,1	24	
	42	510,5	859,8	18			42	583,5	812,1	18	
	48	512,0	858,9	12			48	584,9	811,1	12	
	54	513,5	858,1	6			54	586,4	810,0	6	
31	»	515,0	857,2	»	59	36	»	587,8	809,0	»	54
	6	516,5	856,3	54			6	589,2	808,0	54	
	12	518,0	855,4	48			12	590,6	807,0	48	
	18	519,5	854,4	42			18	592,0	805,9	42	
	24	521,0	853,5	36			24	593,4	804,9	36	
	30	522,5	852,6	30			30	594,8	803,8	30	
	36	524,0	851,3	24			36	596,2	802,8	24	
	42	525,5	850,8	18			42	597,6	801,8	18	
	48	526,9	849,9	12			48	599,0	800,7	12	
	54	528,4	849,0	6			54	600,4	799,7	6	
32	»	529,9	848,0	»	58	37	»	601,8	798,6	»	53
	6	531,4	847,1	54			6	603,2	797,6	54	
	12	532,9	846,2	48			12	604,6	796,5	48	
	18	534,3	845,3	42			18	606,0	795,5	42	
	24	535,8	844,3	36			24	607,4	794,4	36	
	30	537,3	843,4	30			30	608,8	793,4	30	
	36	538,8	842,4	24			36	610,1	792,3	24	
	42	540,2	841,5	18			42	611,5	791,2	18	
	48	541,7	840,6	12			48	612,9	790,1	12	
	54	543,2	839,6	6			54	614,3	789,1	6	
33	»	544,6	838,7	»	57	38	»	615,7	788,0	»	52

Deg.	Min.	Sinus.	Co-sinus.	Min.	Deg.	Deg.	Min.	Sinus.	Co-sinus.	Min.	Deg.
38	»	615,7	788,0	»	52	42	»	669,1	743,1	»	48
	6	617,0	786,9	54			6	670,4	742,0	54	
	12	618,4	785,8	48			12	671,7	740,8	48	
	18	619,8	784,8	42			18	673,0	739,6	42	
	24	621,1	783,7	36			24	674,3	738,4	36	
	30	622,5	782,6	30			30	675,6	737,3	30	
	36	623,9	781,5	24			36	676,9	736,1	24	
	42	625,2	780,4	18			42	678,2	734,9	18	
	48	626,6	779,3	12			48	679,4	733,7	12	
	54	628,0	778,2	6			54	680,7	732,5	6	
39	»	629,3	777,1	»	51	43	»	682,0	731,3	»	47
	6	630,7	776,0	54			6	683,3	730,2	54	
	12	632,0	774,9	48			12	684,5	729,0	48	
	18	633,4	773,8	42			18	685,8	727,8	42	
	24	634,7	772,7	36			24	687,1	726,6	36	
	30	636,1	771,6	30			30	688,3	725,4	30	
	36	637,4	770,5	24			36	689,6	724,2	24	
	42	638,8	769,4	18			42	690,9	723,0	18	
	48	640,1	768,3	12			48	692,1	721,8	12	
	54	641,4	767,2	6			54	693,4	720,5	6	
40	»	642,8	766,0	»	50	44	»	694,6	719,3	»	46
	6	644,1	764,9	54			6	695,9	718,1	54	
	12	645,4	763,8	48			12	697,2	716,9	48	
	18	646,8	762,7	42			18	698,4	715,7	42	
	24	648,1	761,5	36			24	699,7	714,5	36	
	30	649,4	760,4	30			30	700,9	713,2	30	
	36	650,8	759,3	24			36	702,1	712,0	24	
	42	652,1	758,1	18			42	703,4	710,8	18	
	48	653,4	757,0	12			48	704,6	709,6	12	
	54	654,7	755,8	6			54	705,9	708,3	6	
41	»	656,0	754,7	»	49	45	»	707,1	707,1	»	45
	6	657,4	753,6	54							
	12	658,7	752,4	48							
	18	660,0	751,3	42							
	24	661,3	750,1	36							
	30	662,6	748,9	30							
	36	663,9	747,8	24							
	42	665,2	746,6	18							
	48	666,5	745,5	12							
	54	667,8	744,3	6							
42	»	669,1	743,1	»	48						

TABLE DES CORDES

de degré en degré, pour un rayon
de 2000   *et*   3000 *parties.*

D.	NOMB.	D.	NOMB.	D.	NOMB.	D.	NOMB.	D.	NOMB.	D.	NOMB.
1	34,9	31	1068,9	61	2030,1	1	52,3	31	1603,4	61	3045,3
2	69,8	32	1102,5	62	2060,1	2	104,7	32	1653,8	62	3090,4
3	104,7	33	1136,0	63	2090,0	3	157,1	33	1704,1	63	3135,1
4	139,6	34	1169,5	64	2119,7	4	209,4	34	1754,2	64	3179,7
5	174,5	35	1202,8	65	2149,2	5	261,7	35	1804,2	65	3224,1
6	209,4	36	1236,0	66	2178,6	6	314,0	36	1854,1	66	3268,2
7	244,2	37	1269,2	67	2207,8	7	366,3	37	1903,8	67	3312,0
8	279,0	38	1302.3	68	2236,8	8	418,5	38	1953,4	68	3355,2
9	313,8	39	1335,2	69	2265,6	9	470,7	39	2002,8	69	3398,4
10	348,6	40	1368,1	70	2294,3	10	522,9	40	2052,1	70	3441,4
11	383,4	41	1400,8	71	2322,8	11	575,1	41	2101,2	71	3484,2
12	418,1	42	1433,5	72	2351,1	12	627,2	42	2150,2	72	3526,5
13	452,8	43	1466,0	73	2379,3	13	679,2	43	2199,0	73	3528,8
14	487,5	44	1498,4	74	2407,3	14	731,2	44	2247,6	74	3510,8
15	522,1	45	1530,7	75	2435,1	15	783,1	45	2296,1	75	3652,5
16	556,7	46	1562,9	76	2462,6	16	835,0	46	2344,4	76	3693,9
17	591,2	47	1595,0	77	2490,0	17	886,8	47	2392,5	77	3735,0
18	625,7	48	1626,9	78	2517,3	18	938,6	48	2440,4	78	3775,8
19	660,2	49	1658,8	79	2544,3	19	990,3	49	2488,1	79	3816,3
20	694,6	50	1690,5	80	2571,1	20	1041,9	50	2535,7	80	3856,5
21	728,9	51	1722,0	81	2597,8	21	1093,4	51	2583,1	81	3896,5
22	763,2	52	1753,5	82	2624,2	22	1144,8	52	2630,3	82	3936,3
23	797,5	53	1884,8	83	2650,5	23	1196,2	53	2677,2	83	3975,8
24	831,7	54	1816,0	84	2676,5	24	1247,5	54	2723,9	84	4014,9
25	865,8	55	1847,0	85	2702,4	25	1298,6	55	2770,5	85	4053,6
26	899,8	56	1877,9	86	2728,0	26	1339,7	56	2816,8	86	4092,0
27	933,8	57	1908,6	87	2753,4	27	1400,7	57	2862,9	87	4130,1
28	967,7	58	1939,2	88	2778,6	28	1451,5	58	2908,8	88	4167,9
29	1001,5	59	1969,7	89	2803,6	29	1502,3	59	2954,5	89	4205,4
30	1035,2	60	2000,0	90	2828,4	30	1552,9	60	3000,0	90	4242,6

TABLE DES MATIÈRES.

— 171 —

FIN DE LA TABLE.

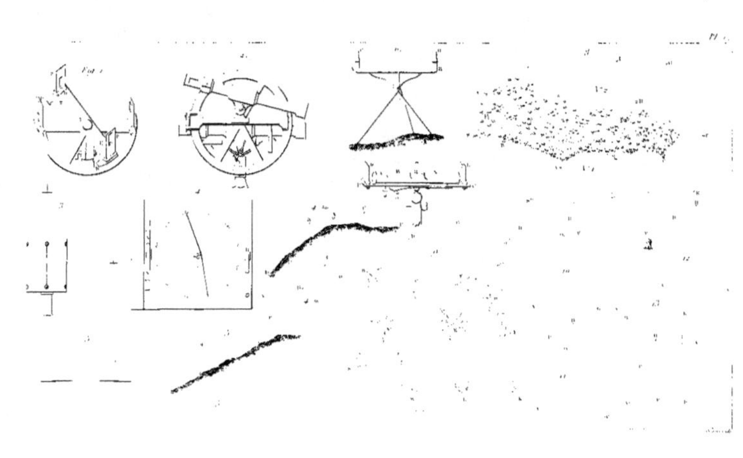

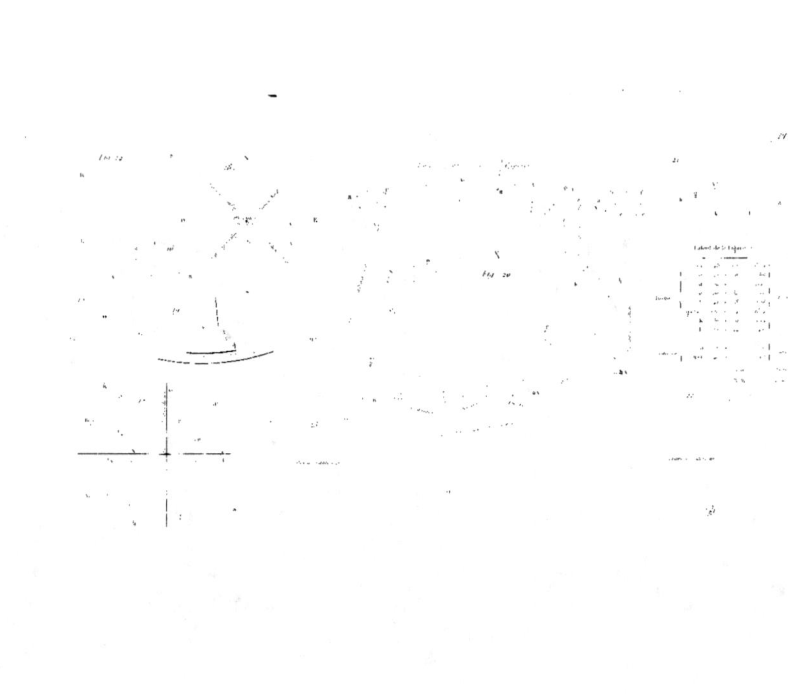

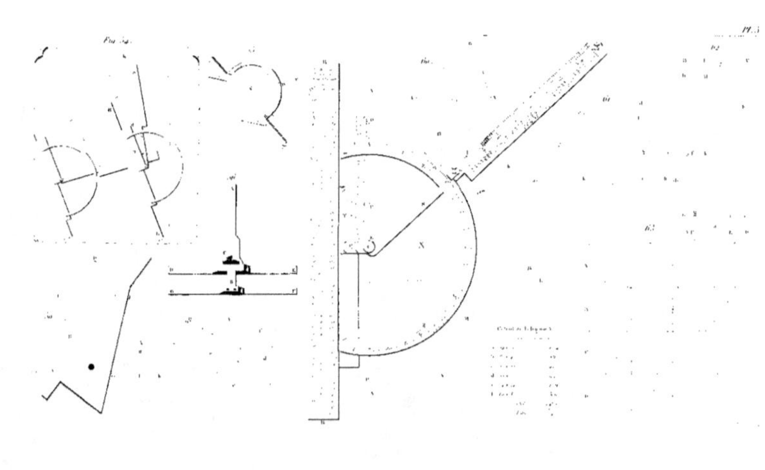